OH!
LES DINOSAURES

COMMENT ACCÉDER À LA GALERIE PHOTOS DU LIVRE ET À UNE SÉLECTION DE LIENS INTERNET

1 - SE CONNECTER
Rendez-vous sur le site Internet de Gallimard Jeunesse : www.gallimard-jeunesse.fr. Tapez le titre du livre dans l'outil de recherche du site. Vous accéderez alors directement à la page Internet de cet ouvrage.

2 - TÉLÉCHARGER DES IMAGES
Une galerie de photos est accessible sur cette page Internet. Vous pouvez y télécharger des images libres de droits pour un usage personnel et non commercial.

3 - CONSULTER DES SITES INTERNET
Sur cette page Internet, nous vous proposons une sélection de liens Internet particulièrement intéressants et riches sur les sujets traités dans ce livre.

IMPORTANT :
- Demandez toujours la permission à un adulte avant de vous connecter au réseau Internet.
- Ne donnez jamais d'informations sur vous.
- Ne donnez jamais rendez-vous à quelqu'un que vous avez rencontré sur Internet.
- Si un site vous demande de vous inscrire avec votre nom et votre adresse e-mail, demandez d'abord la permission à un adulte.
- Ne répondez jamais aux messages d'un inconnu, parlez-en à un adulte.

NOTE AUX PARENTS : Gallimard Jeunesse vérifie et met à jour régulièrement les liens sélectionnés, leur contenu peut cependant changer. Gallimard Jeunesse ne peut être tenu pour responsable que du contenu de son propre site. Nous recommandons que les enfants utilisent Internet en présence d'un adulte, ne fréquentent pas les *chats* et utilisent un ordinateur équipé d'un filtre pour éviter les sites non recommandables.

POUR L'ÉDITION ORIGINALE

Pour Tall Tree Ltd
Éditeurs Jon Richards, Camilla Hallinan
Maquettistes Ed Simkins

Pour Dorling Kindersley Inde
Responsable éditorial Kingshuk Ghoshal
Responsable artistique Govind Mittal
Éditeurs Rashmi Rajan et Surbhi N Kapoor
Maquettistes Mahipal Singh et Shipra Jain
Chef de studio PAO Jagtar Singh
Maquettistes PAO Bimlesh Tiwary, Nand Kishore Acharya
Iconographe Sumedha Chopra
Fabrication Pankaj Sharma
Responsable CTS Balwant Singh
Direction éditoriale Alka Thakur Hazarika
Direction artistique Romi Chakraborty

Pour Dorling Kindersley Londres
Responsable éditorial Rob Houston
Responsable artistique Philip Letsu
Suivi de fabrication Mary Slater
Fabrication Adam Stoneham

Directeur éditorial Andrew Macintyre
Directeur éditorial associé Liz Wheeler
Directeur artistique Philip Ormerod
Éditeur en chef Jonathan Metcalf

Auteur Douglas Palmer

POUR L'ÉDITION FRANÇAISE

Responsable éditorial Thomas Dartige
Édition Éric Pierrat
Édition et PAO Bruno Porlier
Traduction Bruno Porlier
Correction Nathalie Porlier
et Dominique Maurel-Mojal
Couverture Fleur Lauga

Photogravure de couverture SCAN+

Édition originale parue sous le titre : *WOW ! DINOSAUR*

ISBN 978-2-07-065344-7

Dépôt légal : octobre 2013
N° d'édition : 251884
Loi n° 49-956 du 16 juillet 1949
sur les publications destinées à la jeunesse.

La présente édition ne peut pas être vendue au Canada.

Imprimé en Chine par Leo Paper Products

OH!

LES DINOSAURES

LES YEUX DE LA DÉCOUVERTE
GALLIMARD JEUNESSE

1

2

Sommaire

3

Sens et comportement

4

La fin des dinosaures

LE CHOC DES TITANS
Jamais la loi du plus fort n'a régné plus en maître que du temps où les dinosaures dominaient la Terre. Parmi les grands théropodes, *Tarbosaurus*, le plus puissant prédateur de la Chine du Crétacé, était l'un des plus terrifiants.

Le monde des dinosaures

C'était quoi, un dinosaure ?

Les dinosaures constituèrent un groupe unique de reptiles apparus sur Terre il y a environ 230 millions d'années. Leur squelette présentait des caractéristiques qui les différenciaient nettement des autres reptiles, notamment dans la structure du bassin, des membres, des pieds et du crâne, et ils se séparaient en deux grands groupes, qui se distinguaient par la conformation osseuse de leur bassin. À l'heure actuelle, nous avons identifié plus de 1 000 espèces différentes de dinosaures. Nous savons qu'elles descendaient de reptiles plus anciens, les archosauriens, mais leurs origines exactes restent mal connues. On a coutume de dire que de nos jours, les dinosaures sont éteints, mais en réalité, tous ne le sont pas car leurs descendants directs — les oiseaux — restent bien vivants.

Dinosaures : membres dressés en piliers sous le corps

Crocodiliens : membres latéraux supportant partiellement le corps

Lézards : membres latéraux ne permettant qu'une marche rampante

▲ LA DISPOSITION DES MEMBRES

L'un des traits les plus distinctifs des dinosaures était la structure des os de leurs membres et la façon dont ceux-ci se rattachaient au reste du squelette. Chez la plupart des reptiles, les pattes s'insèrent sur le tronc par les côtés. Leur squelette central est donc comme suspendu et cette disposition n'aurait pu supporter le poids des dinosaures géants. Si ces derniers ont pu atteindre des tailles aussi gigantesques, c'est parce que leurs membres étaient droits et implantés sous le corps. Ce dernier était donc en appui sur de robustes piliers. Cette disposition rendait les dinosaures beaucoup plus agiles.

▶ LES PREMIÈRES DÉCOUVERTES

Dans les années 1840, des fossiles de plusieurs grands reptiles furent découverts en Angleterre, parmi lesquels *Megalosaurus* et *Iguanodon*. C'est le paléontologue anglais Richard Owen qui donna à ce groupe d'animaux éteints le nom de « dinosaures », qui signifie « lézards terribles », à cause de leur grande taille. En 1851, Owen fit construire les premières représentations grandeur nature de dinosaures tels qu'on les imaginait à l'époque.

Représentation de *Megalosaurus*, Londres, Angleterre

▼ LES SAURISCHIENS : DINOSAURES À BASSIN DE LÉZARD

Les dinosaures à bassin de lézard, appelés saurischiens, étaient représentés par les grands sauropodomorphes, végétariens, et par les théropodes, carnivores. L'os pubien de leur bassin pointait vers l'avant, comme chez les lézards.

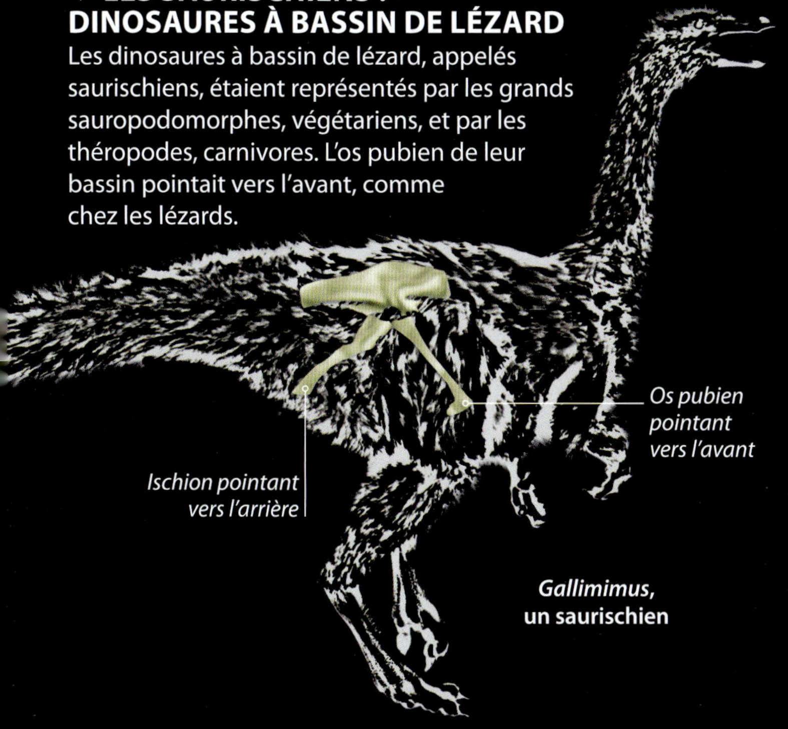

***Gallimimus*, un saurischien**

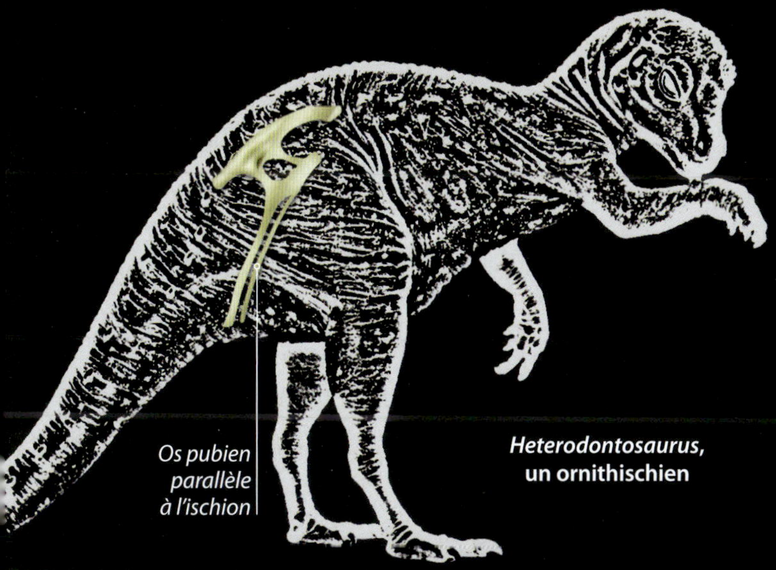

***Heterodontosaurus*, un ornithischien**

▲ LES ORNITISCHIENS : DINOSAURES À BASSIN D'OISEAU

Chez les dinosaures ornitischiens, l'os pubien du bassin pointe vers l'arrière, parallèlement à l'ischion, comme chez les oiseaux. Tous les ornitischiens étaient des végétariens, pourvus d'un os supplémentaire en forme de bec à la mâchoire inférieure. Ils regroupaient les stégosaures, les ankylosaures, les ornithopodes, les cératopsiens et les pachycéphalosaures. Il est bon de remarquer que, paradoxalement, nos oiseaux actuels ne descendent pas des dinosaures à bassin d'oiseaux : ils sont issus des théropodes, qui avaient un bassin de lézard.

▼ L'ARBRE GÉNÉALOGIQUE

Les dinosaures sont issus d'un groupe d'archosauriens qui se scinda en deux branches, celles des ornithischiens et des saurischiens. Les ornithischiens, tous végétariens, regroupent les thyréophores (constitués par les stégosaures et les ankylosaures), les ornithopodes et les marginocéphaliens (comprenant les cératopsiens et les pachycéphalosaures). Les saurischiens, quant à eux, sont représentés par les sauropodomorphes (regroupant les prosauropodes et les sauropodes), végétariens, ainsi que par les théropodes, carnivores, et leurs descendants les oiseaux.

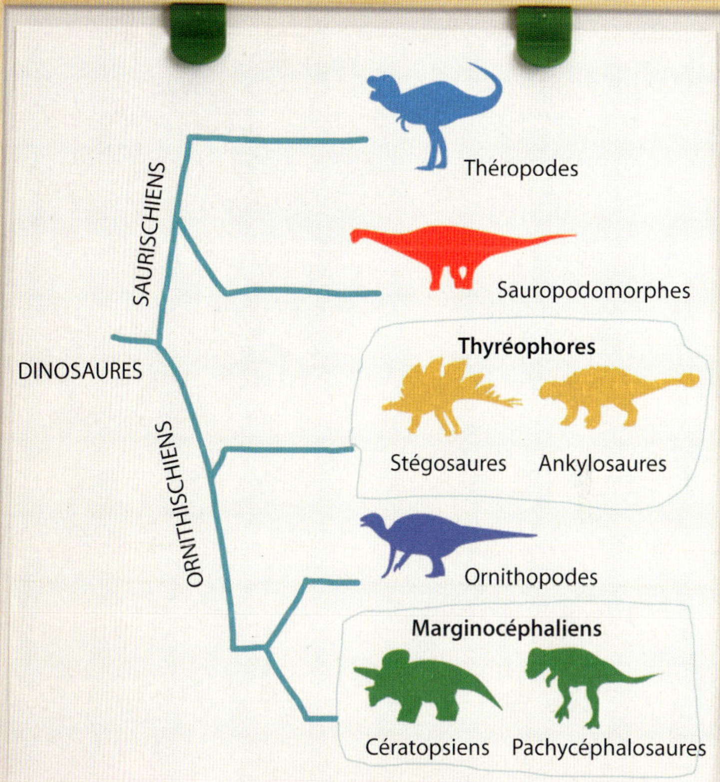

Un monde sans cesse changeant

Depuis que la Terre s'est formée il y a 4,6 milliards d'années, elle n'a cessé de connaître des changements d'aspect. Sa surface a d'abord vu la naissance des océans et des continents, puis l'atmosphère s'est peu à peu constituée. La croûte terrestre est le théâtre de la formation des volcans et des plissements qui érigent les montagnes, l'atmosphère celui des climats et de leur évolution. Mais avec le temps, les continents dérivent, les volcans s'endorment puis s'éteignent, les plus hautes montagnes finissent par s'éroder. Dans cet environnement sans cesse changeant, la vie change elle aussi. Depuis son apparition il y a plus de 3,5 milliards d'années, des milliards de formes de vie sont nées, ont évolué et se sont éteintes. Les dinosaures s'inscrivent dans cette longue histoire.

L'ACTIVITÉ TECTONIQUE ET LE VOLCANISME ▶
Les volcans sont souvent nombreux le long des bords des plaques tectoniques qui composent la croûte terrestre. Les mouvements du magma en fusion constituant le manteau de la planète déplacent ces plaques. Avec le temps, ces mouvements peuvent ouvrir ou refermer des océans, comprimer des continents pour faire apparaître des chaînes de montagnes. Quant aux cendres issues des volcans, leurs nuages se répandent dans l'atmosphère et peuvent altérer le climat.

Trias : il y a 252 à 201 millions d'années

Jurassique : il y a 201 à 145 millions d'années

Crétacé : il y a 145 à 66 millions d'années

Époque actuelle

▲ LA DÉRIVE DES CONTINENTS
L'ère des dinosaures, le Mésozoïque, est divisée en trois périodes. Durant la première, le Trias, les masses continentales, qui formaient un unique supercontinent appelé Pangée, commencèrent à se fracturer. Les populations animales furent coupées géographiquement les unes des autres et, en évoluant séparément, donnèrent naissance à de nouvelles espèces. Au Jurassique, il y avait deux grands continents au climat chaud entrecoupés de vastes mers peu profondes. Au Crétacé, les continents continuèrent de s'écarter, certains dérivant vers les pôles, d'autres vers l'équateur. Nos sept continents actuels se déplacent encore.

◀ ÂGES DE GLACE

L'évolution de la vie sur Terre a été perturbée par plusieurs époques glaciaires. Durant des millions d'années pour les glaciations les plus anciennes, des dizaines de milliers d'années pour les plus récentes, les températures chutèrent et des calottes de glace occupèrent les continents. Ces phases froides alternaient avec des phases de réchauffement, au cours desquelles la fonte des glaces provoquait la remontée du niveau des océans. Ces changements rapides du climat modifient les milieux et les formes de vie qu'ils abritent.

▶ EXTINCTIONS EN MASSE

Durant les 600 derniers millions d'années, l'histoire de la vie est marquée par plusieurs extinctions en masse au cours desquelles un grand nombre d'espèces vivantes disparurent. De brusques bouleversements climatiques en furent sans doute souvent la cause, mais la grande extinction du Crétacé supérieur, qui vit la fin des dinosaures, fut vraisemblablement déclenchée par la chute sur Terre d'un astéroïde.

Chronologie

Les dinosaures ont dominé la Terre pendant près de 160 millions d'années — bien plus longtemps que l'Homme à ce jour. Pourtant, cette durée n'est qu'une fraction de la longue histoire de la vie sur notre planète. Celle-ci existe depuis au moins 3,5 milliards d'années mais, durant les trois premiers milliards, elle resta confinée aux océans sous la forme d'organismes microscopiques. Ceux-ci commencèrent à grossir et à devenir plus complexes au Cambrien. Les végétaux primitifs conquirent les terres à l'Ordovicien. Ils furent suivis au Dévonien par les premiers vertébrés terrestres, qui ouvrirent la voie aux dinosaures, dont l'avènement survint au Trias.

Départ
4 600 millions d'années (ma)

PRÉCAMBRIEN
4 600-541 ma

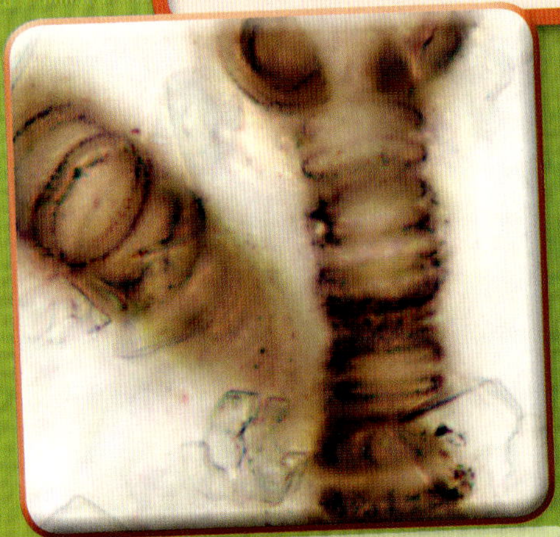

▼ PREMIÈRES FORMES DE VIE

Au Précambrien, la vie resta très longtemps composée uniquement de micro-organismes unicellulaires présents seulement dans les océans. Une lente et longue phase d'évolution vit l'apparition des premiers organismes pluricellulaires, telle cette *Bangiomorpha*, une algue rouge de 1,2 milliards d'années. À partir de ceux-ci, des organismes plus complexes évoluèrent.

CAMBRIEN
541-485 ma

▲ PREMIERS VERTÉBRÉS

Les premiers vertébrés, animaux pourvus d'une colonne vertébrale, apparurent il y a environ 530 millions d'années au Cambrien. Parmi ceux-ci figurait *Haikouichthys*, retrouvé en Chine. Mesurant 2,5 cm de long, il avait des yeux et pouvait nager, mais il était dépourvu de mâchoires et de dents. Il aspirait des aliments microscopiques par un simple orifice bucal.

ORDOVICIEN
485-443 ma

SILURIEN
443-419 ma

PLANTES ARBORESCENTES ▶

Les végétaux commencèrent à conquérir la Terre à l'Ordovicien. Les premiers étaient des plantes basses semblables à des mousses. Ils devinrent plus grands au Silurien et, à la fin du Dévonien, des espèces grandes comme des arbres, tel *Archaeopteris*, occupaient la Terre. Mais elles restaient confinées aux régions basses et marécageuses.

DÉVONIEN
419-359 ma

◀ PREMIERS ANIMAUX TERRESTRES

Les premiers animaux pourvus de quatre membres, appelés tétrapodes, apparurent à la fin du Dévonien dans les eaux marécageuses. Au Carbonifère, certains tétrapodes avaient conquis la terre ferme. Parmi les premiers, figurait *Westlothiana*, un petit reptile primitif ressemblant à un lézard, qui se nourrissait d'insectes.

L'ÂGE DES TÉTRAPODES ▼

Dès que les vertébrés terrestres se mirent à pondre des œufs à coquille imperméable, il n'eurent plus besoin de retourner dans l'eau pour se reproduire. Au Permien, plusieurs groupes de tétrapodes terrestres apparurent et s'éteignirent, tels les synapsidés, auxquels appartenait *Dimetrodon*, dont la voile dorsale pouvait dépasser 4 m de haut.

PERMIEN
299-252 ma

CARBONIFÈRE
359-299 ma

TRIAS
252-201 ma

▼ L'AVÈNEMENT DE L'HOMME

L'Homme et les grands singes sont des mammifères primates. Ils partagent un ancêtre qui vivait il y a environ 6 millions d'années en Afrique. Atteignant tout juste 1 m de haut, *Sahelanthropus tchadensis*, un primate végétarien du sud du Sahara, date de cette époque et pourrait être un ancêtre de l'Homme moderne.

QUATERNAIRE
2,6 ma-période actuelle

Crâne fossile de *Sahelanthropus tchadensis*

NÉOGÈNE
23-2,6 ma

PALÉOGÈNE
66-23 ma

L'AUBE DES DINOSAURES ▼

La période du Permien s'acheva par l'extinction en masse de nombreuses espèces vivantes. La vie reprit lentement au Trias, au cours duquel de nombreux groupes de tétrapodes poursuivirent leur évolution. De nouveaux groupes apparurent, tels les reptiles marins, ainsi que les reptiles terrestres appelés archosauriens. À partir de ceux-ci émergèrent la lignée des crocodiles, celle des reptiles volants, ou ptérosauriens, et les premiers dinosaures, comme *Eoraptor*.

PREMIÈRES PLANTES À FLEURS ▶

Le début du Crétacé vit l'apparition des premières plantes à fleurs. Elles étaient alors petites et poussaient dans les milieux humides. À la fin de cette période, elles avaient colonisé toutes sortes d'habitats. On trouvait parmi elles des végétaux de grande taille, des arbres et arbustes tels les magnolias, qui étaient pollinisés par des insectes volants.

JURASSIQUE
201-145 ma

CRÉTACÉ
145-66 ma

◀ UNE ÉVOLUTION RAPIDE

Au Jurassique, de nombreux groupes de dinosaures de toutes tailles se développèrent, parmi lesquels des petits théropodes à plumes, ancêtres des premiers oiseaux. Tandis que les dinosaures et d'autres reptiles dominaient la vie sur la terre ferme et dans les océans, des petits mammifères, comme *Sinoconodon*, se développaient également.

La vie avant les dinosaures

L'évolution des organismes vivants est un processus très lent. Au terme de près de trois milliards d'années de développement au sein des océans du Précambrien, les êtres vivants, notamment les vertébrés, commençèrent à se diversifier fortement durant l'Ordovicien, il y a environ 450 millions d'années. Mais il fallut attendre encore 100 millions d'années avant que des animaux vertébrés n'émergent des eaux pour conquérir les terres, à la fin du Dévonien. Cent vingt millions d'années s'écoulèrent encore avant que n'apparaissent les premiers dinosaures, vers la fin du Trias, il y a 230 millions d'années.

▲ VERS LES PREMIERS AMPHIBIENS

Les premiers vertébrés (animaux dotés d'une colonne vertébrale) apparurent dans les mers cambriennes il y a environ 530 millions d'années sous la forme de poissons. À la fin du Dévonien, certains développèrent des membres dotés de doigts, donnant naissance aux premiers tétrapodes (animaux dotés de quatre pieds). À cette époque, les tétrapodes comme *Acanthostega* (ci-dessus) restaient des animaux aquatiques, mais ils étaient dotés de poumons qui leur permettaient de respirer dans l'air. Ce n'est que plus tard que leurs membres évoluèrent pour s'adapter à la marche sur la terre ferme.

▼ LE PREMIER REPTILE

Hylonomus, cet animal de 20 cm de long ressemblant à un lézard, est le premier reptile véritable connu à l'heure actuelle. Ses restes fossilisés, datant de 312 millions d'années, ont été retrouvés dans les strates de la fin du Carbonifère au Canada, pris dans les vestiges d'une souche d'arbre creuse. De toute évidence, c'était un animal terrestre qui, contrairement aux amphibiens, pondait probablement ses œufs à terre et non dans l'eau. Ses mâchoires étaient garnies de petites dents acérées et il se nourrissait vraisemblablement d'insectes et d'autres petits arthropodes.

◀ RETOUR À L'EAU

À la fin du Carbonifère, au Kansas (États-Unis), il y a un peu plus de 300 millions d'années, *Spinoaequalis* fut l'un des premiers reptiles à revenir vivre dans l'eau, où avaient vécu ses ancêtres tétrapodes. Il mesurait 25 cm, avait de longs membres implantés latéralement, dotés de longs doigts, et une épaisse queue aplatie qui devait être un puissant propulseur dans l'eau. Retrouvé fossilisé avec des poissons marins, on suppose qu'il pouvait s'aventurer jusqu'à la mer par les cours d'eau. Mais il devait revenir sur terre pour pondre ses œufs.

Longues pattes munies de longs doigts ressemblant à celles des lézards

▼ OPHIACODON

Atteignant 3 m de long, *Ophiacodon* était l'un des plus gros tétrapodes de la fin du Carbonifère, qui devait peser jusqu'à 50 kg. Ses membres insérés latéralement étaient puissants, lui permettant des bonds rapides pour attraper des poissons. La structure de son crâne montre qu'*Ophiacodon* appartenait aux synapsides, un groupe de tétrapodes duquel les mammifères allaient émerger au Trias, 100 millions d'années plus tard.

Avec sa démarche rampante, Ophiacodon *ressemblait à un crocodile.*

Longues mâchoires crocodiliennes garnies de 166 dents acérées

▼ *EFFIGIA*

Vivant sur la terre ferme aux côtés des premiers dinosaures, aux États-Unis, à la fin du Trias, il y a 210 millions d'années, *Effigia* mesurait jusqu'à 3 m de long. Il avait un long corps effilé et une marche bipède rapide, ressemblant beaucoup aux dinosaures théropodes comme *Coelophysis* (voir p.16-17). Il faisait en réalité partie du groupe de reptiles plus ancien des archosauriens, qui donna naissance aux dinosaures, aux crocodiles et aux ptérosaures.

Comme les théropodes, Effigia *tenait sa longue queue droite en guise de balancier pour s'équilibrer.*

La vie au Trias

La période nommée Trias, qui s'est déroulée entre – 252 et – 201 millions d'années, marque le début du Mésozoïque. Lorsqu'elle débute, le monde vivant vient de connaître une extinction massive à la fin du Permien. À travers la Pangée, le supercontinent chaud et majoritairement dénudé, qui commence à se disloquer, la montée des archosauriens (les « reptiles régnants ») précède l'apparition des premiers dinosaures sur terre, et des ptérosaures dans le ciel. Les crocodiles apparaissent aussi tandis que les reptiles marins (tortues, plésiosaures et ichtyosaures) investissent les océans. À côté de tous ces reptiles, les premiers mammifères voient également le jour.

❶ LA VÉGÉTATION

De nombreux groupes végétaux furent éradiqués dans l'extinction de la fin du Permien, mais il restait des survivants, notamment parmi les lycopodes, comme ces *Pleuromeia*. Dans cette végétation en évolution, apparurent de nouveaux groupes de fougères et de plantes à graines , parmi lesquelles les cycas, les conifères et les ginkgos.

❷ *MIXOSAURUS*

Au début du Trias, *Mixosaurus* était l'un des premiers et des plus primitifs des ichtyosaures, un nouveau groupe de reptiles colonisant les océans. Avec un corps hydrodynamique semblable à celui des dauphins et ses déplacements rapides, il était parfaitement adapté à la vie de prédateur marin.

❸ *ENCRINUS*

En dépit de son nom, ce lys de mer du Trias n'était pas un végétal mais un animal, dernier survivant d'un vaste groupe de crinoïdes dont la plupart des représentants avaient disparu dans l'extinction en masse de la fin du Permien. Il vivait attaché sur le fond marin et se nourrissait en filtrant les particules alimentaires en suspension dans l'eau de mer.

❹ COELOPHYSIS

Coelophysis était un prédateur de 3 m de long, aux formes d'oiseau, qui courait sur ses longues pattes postérieures. Il fut l'un des premiers dinosaures théropodes. Il était issu, à la fin du Trias, du groupe des reptiles archosauriens qui, dans les débuts, avait la prépondérance sur les dinosaures émergeants.

❺ EUDIMORPHODON

Eudimorphodon, de la fin du Trias, est l'une des plus primitives et des plus vieilles formes connues de ptérosaures. Ces derniers étaient un groupe de reptiles volants qui évoluèrent à partir des archosauriens, et qui dominèrent le ciel durant l'ère Mésozoïque.

❻ POSTOSUCHUS

Dépassant 4 m de long, *Postosuchus* était un prédateur de taille moyenne pourvu d'une tête et de mâchoires massives. Bien qu'il ressemblât aux dinosaures théropodes, il appartenait à un groupe d'archosauriens de la fin du Trias qui devait donner naissance à la prospère lignée des crocodiliens.

La vie au Jurassique

Il y a 200 millions d'années, le début de la période Jurassique vit la Pangée se fracturer en deux nouveaux continents. Les étendues marines séparèrent les terres, les déserts reculèrent, mais les températures globales restèrent élevées. Des environnements de plus en plus diversifiés donnèrent naissance à de nouvelles plantes et de nouveaux animaux. Les reptiles dominaient tous les milieux, sur la terre ferme, dans les mers et dans le ciel. Parmi eux se trouvaient les plus grands animaux terrestres à avoir jamais vécu : les sauropodes, au régime herbivore.

❶ *CRYOLOPHOSAURUS*
Avec ses 6 m de long, *Cryolophosaurus* était le plus grand des théropodes prédateurs du début du Jurassique. Ce dinosaure vivait en Antarctique, qui était alors libre de glaces et couverte de forêts, mais qui connaissait néanmoins de longues nuits hivernales.

❷ *SINOCONODON*
Vivant entre la fin du Trias et le début du Jurassique, *Sinoconodon* fut l'un des premiers mammifères connus. Ce prédateur nocturne couvert de poils mesurait 30 cm de long. Il avait un long museau et une morsure puissante.

❸ BRACHIOSAURUS

À la fin du Jurassique, les sauropodes géants, herbivores, étaient très répandus en Amérique du Nord, en Europe et en Afrique. *Brachiosaurus*, qui vécut à cette époque, atteignait 26 m de long.

❺ PTERODACTYLUS

Les ptérosaures connurent leur apogée au Jurassique, durant lequel leur nombre et la diversité des espèces s'accrûrent. Parmi ceux-ci, le ptérodactyle avait une envergure de 1 m. La suprématie des ptérosaures, les plus grands animaux qui aient jamais volé, dura jusqu'à l'avènement des oiseaux.

❹ CYLINDROTEUTHIS

Des fossiles du calmar ancien *Cylindroteuthis* ont été retrouvés dans le monde entier, ce qui montre à quel point les étendues marines étaient en interconnexion au début du Jurassique.

❻ STEGOSAURUS

Grâce à leurs plaques osseuses dorsales, les stégosaures, comme *Stegosaurus*, sont parmi les mieux connus des groupes de dinosaures herbivores. On a longtemps cru qu'ils avaient vécu uniquement en Amérique du Nord, jusqu'à la découverte récente d'un spécimen au Portugal.

❼ LIOPLEURODON

Ce grand prédateur de 10 m de long appartenait au groupe de reptiles marins des pliosaures. Ses restes fossilisés découverts dans les couches jurassiques en Europe et en Russie montrent qu'à cette époque, une vaste mer s'étendait sur la région.

La vie au Crétacé

Lorsque débute le Crétacé, il y a 145 millions d'années, la physionomie du monde actuel commence lentement à se mettre en place : l'océan Atlantique s'élargit et les continents se déplacent peu à peu vers les positions qu'ils occupent aujourd'hui. De vastes mers peu profondes, regorgeant de formes de vie, recouvrent alors les parties basses des continents. Les températures se sont abaissées mais restent plus chaudes que de nos jours, et la vie est abondante, même dans les régions polaires, encore libres de glace. Les dinosaures et les autres reptiles dominants continuent de prospérer, jusqu'à la fin brutale de l'ère Mésozoïque il y a 66 millions d'années.

❶ LA VÉGÉTATION
À partir du début du Crétacé, le monde végétal, déjà très diversifié, est enrichi par l'apparition des plantes à fleurs et le développement de forêts denses constituées de nouvelles espèces d'arbres.

❷ *IBEROMESORNIS*
Les premiers oiseaux étaient apparus à la fin du Jurassique. Au début du Crétacé, émergent des formes plus modernes, avec une queue courte et un bec dépourvu de dents, comme *Iberomesornis*.

❸ *VEGAVIS*
Des fossiles de *Vegavis* retrouvés en Antarctique montrent qu'à la fin du Crétacé, les ancêtres de nos oies et canards modernes vivaient déjà aux côtés des dinosaures non-aviaires.

❹ *SINODELPHYS*
Sinodelphys était un mammifère de la fin du Crétacé, en Chine. De la taille d'une souris, il appartenait à un groupe de marsupiaux primitifs insectivores. Ils donnaient naissance à des petits inachevés qui terminaient leur développement dans la poche ventrale de leur mère.

❺ *ARCHAEANTHUS*
Les plantes à fleurs apparurent au début du Crétacé et devinrent le groupe le plus diversifié de végétaux terrestres. Ceux-ci produisaient du pollen et des fruits. *Archaeanthus* avait de grandes fleurs ressemblant aux magnolias.

❻ *MUTTABURRASAURUS*
Muttaburrasaurus était un ornithopode, dinosaure herbivore du début du Crétacé, en Australie. Il portait sur le museau une grosse excroissance creuse, qui lui servait probablement à produire des sons trompettants.

❼ *CYCADEOIDEA*
Présent au Jurassique et au Crétacé, en Amérique du Nord et en Europe, ce genre éteint de plantes ressemblant aux cycas, présentait un tronc trapu et renflé, une couronne de feuilles pennées (en forme de plumes) coriaces, et des cônes porteurs de graines.

❽ *SCAPHITES*
Connue grâce aux fossiles de sa coquille spiralée, l'ammonite *Scaphites* vécut dans les océans tout au long du Crétacé. Comme toutes les ammonites, elle s'éteignit lors de l'extinction massive qui marqua la fin du Crétacé.

L'évolution des dinosaures

Entre la fin du Trias et la fin du Crétacé, les dinosaures émergèrent d'un groupe de reptiles appelés archosauriens, pour devenir les formes de vies dominantes sur la terre ferme. Les vestiges fossiles de plus d'un millier d'espèces identifiées à ce jour, montrent que les dinosaures présentaient des formes très variées, allant d'animaux insectivores de la taille d'une dinde aux plus grands et plus féroces prédateurs terrestres que notre planète ait jamais portés.

Des ailes bien emplumées et un bréchet profond faisaient de cet oiseau marin de la fin du Crétacé un puissant voilier.

Ichthyornis

Ce dinosaure vécut à la fin du Crétacé en Amérique du Nord.

Saurolophus

Deinosuchus

Ce géant de la fin du Crétacé était cinq fois plus gros que les crocodiles actuels.

▲ DES GAGNANTS ET DES PERDANTS

De nos jours, le groupe des reptiles archosauriens, à partir desquels les dinosaures ont évolué, est représenté par ses descendants les plus directs : les crocodiles et les alligators. Ces grands reptiles aquatiques ont survécu à l'extinction de la fin du Crétacé et restent des prédateurs prospères. Les seuls descendants vivants des dinosaures sont les oiseaux, qui apparurent au Jurassique et qui dominent aujourd'hui le ciel.

▶ UNE FORME PRIMITIVE

Euparkeria, ce reptile du début du Trias, est classé parmi les archosauromorphes, le groupe qui relie les anciens reptiles de l'ère Paléozoïque aux archosauriens « régnants » et à leurs descendants dinosauriens de l'ère Mésozoïque. Ce petit prédateur atteignait seulement 60 cm de long et présentait à la fois des caractères primitifs et des traits plus avancés de type dinosaurien. Ce sont, par exemple, ses longs membres postérieurs sur lesquels il pouvait probablement se dresser et courir. Les spécialistes s'interrogent toutefois quant à savoir s'il est vraiment un ancêtre des dinosaures ou un proche cousin de leur lignée.

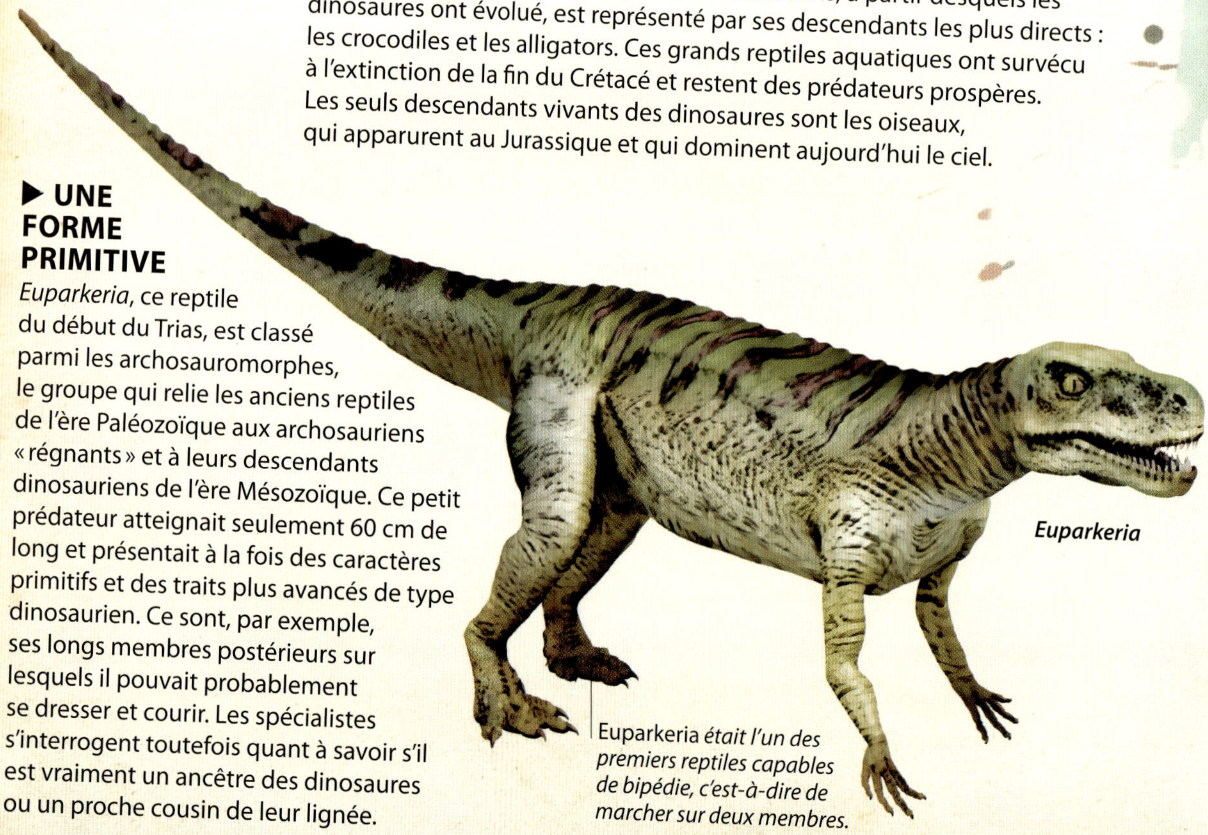

Euparkeria

Euparkeria était l'un des premiers reptiles capables de bipédie, c'est-à-dire de marcher sur deux membres.

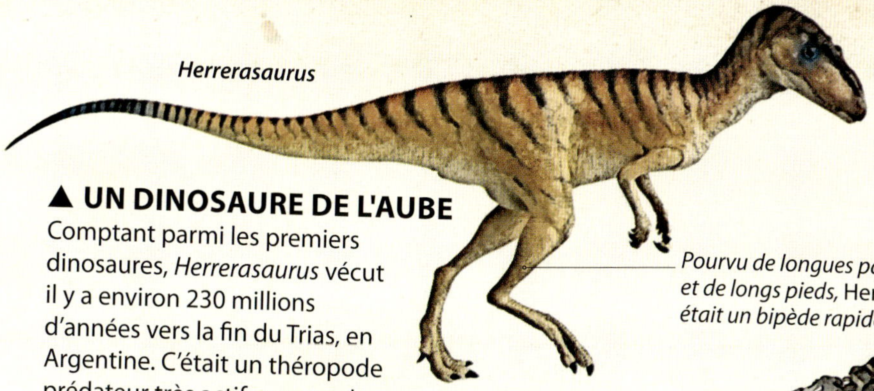

Herrerasaurus

▲ UN DINOSAURE DE L'AUBE

Comptant parmi les premiers dinosaures, *Herrerasaurus* vécut il y a environ 230 millions d'années vers la fin du Trias, en Argentine. C'était un théropode prédateur très actif, pourvu de grands yeux et de longues dents acérées à l'avant de la bouche. Ce saurischien de 5 m de long était de petite taille pour un dinosaure, mais déjà plus grand que la plupart des autres prédateurs terrestres de l'époque.

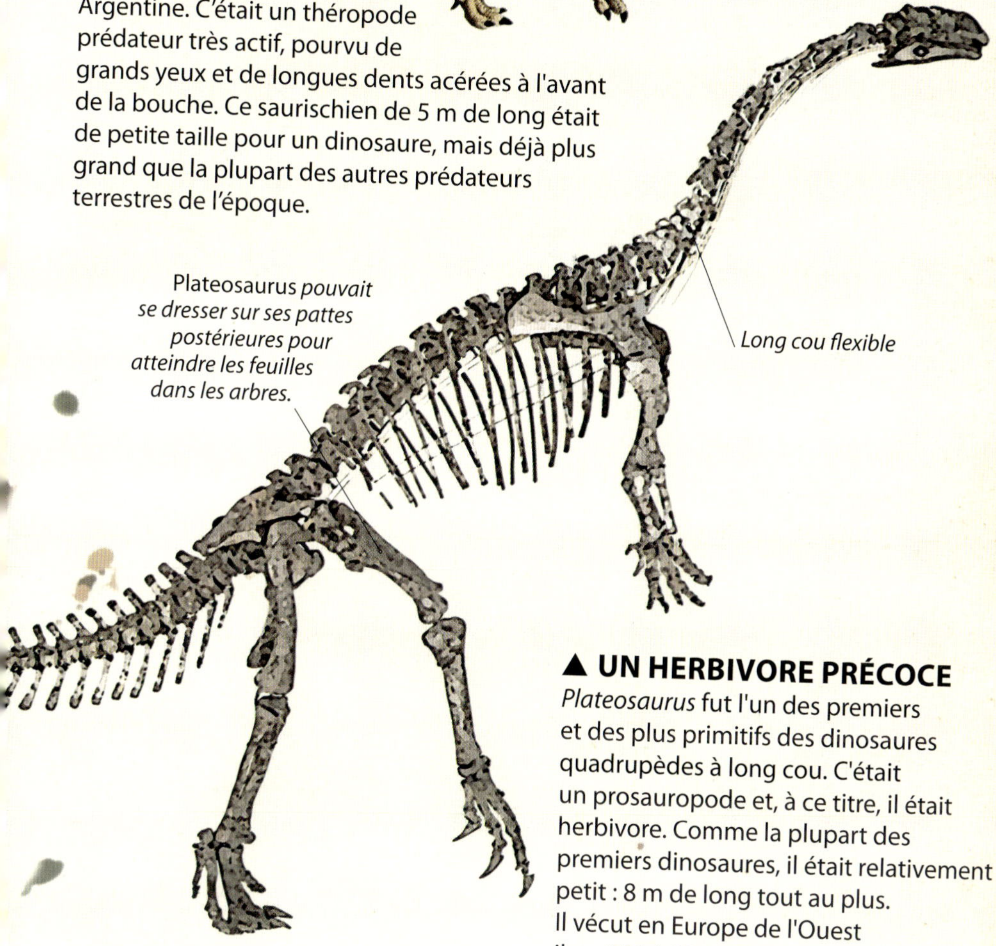

Squelette de *Plateosaurus*

▲ UN HERBIVORE PRÉCOCE

Plateosaurus fut l'un des premiers et des plus primitifs des dinosaures quadrupèdes à long cou. C'était un prosauropode et, à ce titre, il était herbivore. Comme la plupart des premiers dinosaures, il était relativement petit : 8 m de long tout au plus. Il vécut en Europe de l'Ouest il y a 216 à 203 millions d'années.

UN ORNITHISCHIEN DES PREMIERS TEMPS ▼

Vivant en Afrique du Sud il y a 199 à 196 millions d'années, au début du Jurassique, *Heterodontosaurus* fut l'un des premiers ornithischiens. Avec seulement 1 m de long, cet herbivore comptait parmi les dinosaures de petite taille. Ceci semble confirmer la loi de Cope selon laquelle, dans l'évolution des espèces vivantes, les représentants de lignées nouvelles tendraient à être plus petits que les espèces de leur descendance. Il existe en effet des véritables géants parmi les espèces issues de cet ornithopode.

Heterodontosaurus

Eoraptor

Le coureur rapide *Eoraptor* fit son apparition vers la fin du Trias, il y a environ 230 millions d'années. Ce petit théropode était un prédateur de 1 m de long, mais il passait probablement autant de temps à éviter les prédateurs archosauriens plus gros qu'à chasser lui-même. *Eoraptor* vivait dans les vallées densément boisées d'Argentine, où le climat subissait d'importants changements avec les saisons.

▼ UN RÉGIME MIXTE

Le nom d'*Eoraptor*, qui signifie « voleur de l'aube », évoque un comportement prédateur. Toutefois, bien que sa dentition fût, pour l'essentiel, typique des carnivores, certaines de ses dents de la mâchoire inférieure ressemblaient à celles des herbivores. Cela signifie qu'*Eoraptor* était probablement omnivore, mangeant à la fois plantes et petits animaux.

▶ SES MAINS

Les bras musclés d'*Eoraptor* étaient moitié moins longs que ses jambes. Il avait de longues mains à cinq doigts. Les trois plus grands doigts portaient des griffes, utiles pour saisir les proies.

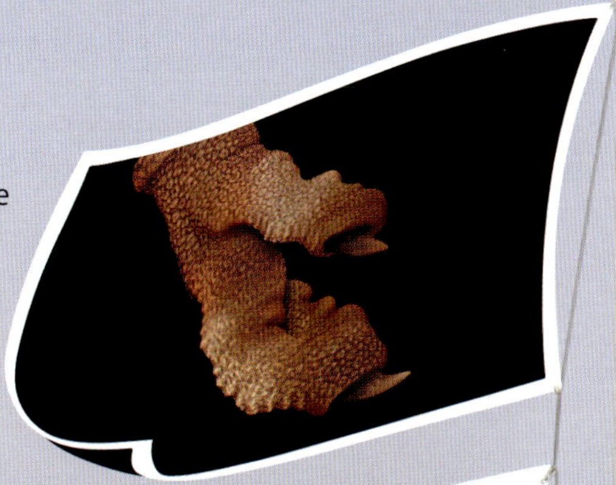

▶ SES PIEDS

Eoraptor courait sur deux longs membres postérieurs terminés par des pieds à cinq doigts griffus. Les trois doigts du milieu étaient beaucoup plus longs et puissants que les deux latéraux.

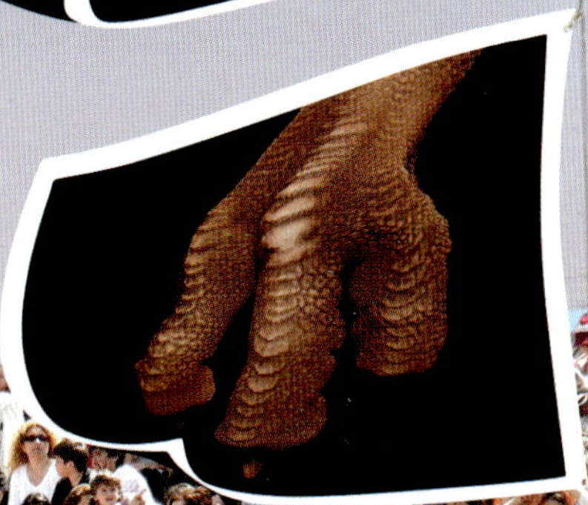

EOCURSOR ▲

Parmi les autres dinosaures qui, aux débuts de la lignée, partageaient avec *Eoraptor* le monde de la fin du Trias, figurait *Eocursor*, le «coureur de l'aube». Bien que ce dinosaure rapide ressemblât à *Eoraptor* par les formes et la taille, il était l'un des premiers ornithischiens et ses dents en forme de feuilles étaient celles d'un herbivore. Toutefois, ses grandes mains griffues suggèrent qu'il devait, de temps à autre, attraper aussi des petits animaux.

▲ LE CRÂNE D'*EORAPTOR*

Derrière ses longues mâchoires garnies de dents acérées, le crâne à structure légère d'Eoraptor présentait de grandes orbites oculaires placées de chaque côté du museau. Ses grands yeux latéraux devaient fournir au dinosaure une bonne vision panoramique, pratique pour détecter les prédateurs autant que les proies.

Les types de dinosaures

Très tôt au cours de leur évolution, les dinosaures se séparèrent en deux grands groupes : celui des ornithischiens et celui des saurischiens, qui différaient par la structure osseuse de leur bassin. Chacun se développa en nombreuses branches, dont certaines comprenaient les plus grandes créatures à avoir jamais vécu sur la terre ferme, et d'autres de minuscules animaux à plumes ressemblant à des oiseaux et, finalement, les oiseaux eux-mêmes. Cette diversité permit aux dinosaures d'occuper tous les milieux et de dominer le monde. Pourtant, ils devaient tous disparaître lors de l'extinction massive de la fin du Crétacé — à l'exception notable des oiseaux.

❶ *STEGOSAURUS*

Herbivores, les stégosaures étaient des ornithischiens. Ils présentaient deux rangées de grandes plaques osseuses le long de l'épine dorsale et de longues pointes au bout de la queue. *Stegosaurus*, qui vécut à la fin du Jurassique, était le plus grand de tous, atteignant 9 m de long.

❷ *EUOPLOCEPHALUS*

Les ankylosaures, comme *Euoplocephalus*, de la fin du Crétacé, étaient des ornithischiens cuirassés. Herbivore, *Euoplocephalus* atteignait 6 à 9 m de long. Il était construit comme un char d'assaut hérissé de piquants protecteurs.

❸ *VULCANODON*

Vivant au début du Jurassique, *Vulcanodon* faisait partie du groupe de saurischiens appelé sauropodes. Herbivore, il présentait un long cou et une longue queue, un corps massif et quatre robustes pattes, mais tandis que la plupart des sauropodes étaient des géants, *Vulcanodon* n'atteignait que 7 m de long.

❹ *STYRACOSAURUS*
À la fin du Crétacé, les cératopsiens étaient des ornithischiens pourvus d'immenses collerettes osseuses. Celle de *Styracosaurus* était rehaussée d'une impressionnante rangée de pointes atteignant 60 cm de long.

❺ *CARCHARODONTOSAURUS*
Mesurant 12 m de long, le théropode *Carcharodontosaurus* était l'un des plus grands prédateurs terrestres. Ce dinosaure saurischien appartenait à un groupe de théropodes lointains cousins des tyrannosaures.

❻ *DRYOSAURUS*
Les ornithopodes, comme *Dryosaurus*, de la fin du Jurassique, évoluèrent à partir de petits ornithischiens bipèdes pour devenir l'un des groupes les plus prospères et les plus répandus de dinosaures herbivores.

❼ *VELOCIRAPTOR*
Les théropodes étaient, pour la plupart, des saurischiens carnivores. *Velociraptor*, qui vécut à la fin du Crétacé, appartenait à un groupe de petits théropodes porteurs de plumes : les deinonychosaures. C'était un agile prédateur.

❽ *PLATEOSAURUS*
Parmi les premiers groupes de saurischiens à évoluer à la fin du Trias figurait celui des prosauropodes, de gros herbivores à long cou précurseurs des sauropodes. *Plateosaurus*, avec ses 8 m de long, en faisait partie.

❾ *MICRORAPTOR*
Certains deinonychosaures, comme le minuscule *Microraptor*, du début du Crétacé, portaient de longues plumes sur les membres antérieurs et postérieurs. Ils étaient peut-être capables de planer d'arbre en arbre dans les airs, mais incapables d'effectuer un véritable vol battu.

❿ *CONFUCIUSORNIS*
Vivant au début du Crétacé, *Confuciusornis* était un oiseau primitif de la taille d'un pigeon qui avait évolué à partir des deinonychosaures. Il avait un bec dépourvu de dents et une courte queue prolongée par deux longues plumes.

Les autres reptiles préhistoriques

De nombreuses espèces de reptiles sont apparues et se sont éteintes au cours des 300 derniers millions d'années. Au Permien, c'est-à-dire entre – 299 et – 252 millions d'années, les reptiles régnaient déjà sur les terres émergées. Tandis que les premiers dinosaures apparaissaient à la fin du Trias, vers – 230 millions d'années, le ciel était occupé par les ptérosaures et les océans étaient parcourus par des reptiles marins comme les tortues, les nothosaures ou les cousins de nos actuels crocodiles. Seuls quelques groupes de reptiles survécurent à l'extinction en masse de la fin du Crétacé, survenue il y a 66 millions d'années. De nos jours, ils sont représentés par plus de 5 600 espèces de lézards, 3 400 espèces de serpents, 300 espèces de tortues et 23 espèces de crocodiliens.

❶ LES PTÉROSAURES

Les ptérosaures (un mot qui signifie « reptiles volants ») furent les premiers vertébrés capables de voler, et aussi les plus gros. Ils dominèrent le ciel du Mésozoïque, mais disparurent à la fin du Crétacé. *Dimorphodon*, du début du Jurassique, avait une envergure de 1,45 m. Il se nourrissait de poissons et de petits reptiles.

❷ LES SYNAPSIDES

Les synapsides constituaient le plus grand groupe de vertébrés terrestres au Permien. Ils sont les ancêtres des mammifères. Parmi ceux-ci figurait *Eothyris*, qui vécut il y a environ 280 millions d'années. Ce mystérieux animal est connu par un unique crâne. C'était un carnivore aux allures de lézard d'environ 30 cm de long.

❸ LES CROCODYLOMORPHES

Les crocodiles et alligators, comme l'énorme *Deinosuchus* de la fin du Crétacé, appartenaient à un grand groupe de reptiles archosauriens appelé crocodylomorphes (c'est-à-dire aux « formes de crocodiles »), qui survécut à la grande extinction de la fin du Crétacé.

❹ LES TORTUES

Les tortues, qu'elles soient terrestres ou aquatiques, marines ou d'eau douce, appartiennent au groupe des testudines (de *testudo*, « tortue » en latin) , aussi appelé chéloniens. Les espèces étaient beaucoup plus nombreuses dans le passé qu'à l'heure actuelle. *Protostega*, de la fin du Crétacé, mesurait 3 m de long.

❺ LES NOTHOSAURES

Se propulsant par des mouvements latéraux de leur longue queue, ces reptiles mangeurs de poissons rôdaient dans les mers côtières peu profondes de la fin du Trias. L'un des plus grands d'entre eux, *Nothosaurus*, atteignait 4 m de long, et venait à terre pour se reposer et se reproduire.

Mosasaurus

À la fin du Crétacé, les mosasaures constituaient l'un des groupes de grands reptiles marins qui dominaient les océans. Ceux-ci n'étaient pas des dinosaures. Ils avaient évolué à partir de petits reptiles terrestres ancêtres des lézards et des serpents, revenus à la mer. À l'instar des ichtyosaures et des plésiosaures, les mosasaures avaient fini par s'adapter si étroitement à la vie marine qu'ils n'avaient plus besoin de revenir à terre pour se reproduire, contrairement aux tortues. Comme la plupart des autres reptiles marins, ils furent balayés par la grande extinction de la fin du Crétacé, à laquelle, de tous les reptiles marins, seuls survécurent les tortues et les crocodiliens.

▼ L'IMPRESSIONNANT *MOSASAURUS*

Avec ses terrifiants 15 m de long, *Mosasaurus* était l'un des plus grands mosasaures et l'un des prédateurs les plus féroces qui aient jamais vécu dans les océans. Il chassait probablement dans les eaux bien éclairées, proches de la surface. Ses membres transformés en nageoires et son corps aux formes hydrodynamiques en faisaient un animal très adapté à la vie marine. Il était néanmoins obligé de revenir à la surface pour respirer.

▶ DES DENTS ADAPTÉES

Les mosasaures présentaient des dents de différents types en fonction de ce qu'il mangeaient. La plupart, comme *Mosasaurus*, étaient d'actifs prédateurs pourvus de dents de carnivores, coniques, très robustes et acérées, un peu comme celles des crocodiles. Mais certains avaient des dents plus courtes et plus émoussées, spécialisées pour broyer les coquilles des mollusques.

◀ UNE GRANDE GUEULE

Le crâne du mosasaure *Plioplatecarpus* avait une structure en charnière qui lui permettait d'ouvrir très grand les mâchoires. Il pouvait ainsi avaler de grosses proies entières, comme le font les serpents. Les mosasaures chassaient probablement en s'approchant de leurs proies par des mouvements lents et furtifs, puis en bondissant subitement sur leur victime sans méfiance. Certaines mâchoires fossiles de mosasaures présentent des marques de dents et des traces de fractures ressoudées, ce qui suggère que les mâles se battaient aussi entre eux pour la possession des femelles.

Ses membres avaient évolué pour se transformer en nageoires.

▲ PROPULSION CAUDALE

Mosasaurus avait une très longue queue. En temps normal, il devait nager en ondulant lentement du corps, comme le font les serpents, et en se dirigeant à l'aide de ses deux paires de membres élargis en nageoires. Mais il devait être capable d'accélérations brutales et puissantes lorsqu'il fouettait soudain les eaux de sa queue comprimée latéralement.

▼ UNE MÂCHOIRE GÉANTE

Ce reptile marin fut découvert au XVIIIe siècle près de la ville de Maastricht, aux Pays-Bas, par des mineurs qui mirent au jour sa spectaculaire mâchoire de 1 m de long. La nouvelle créature fut nommée *Mosasaurus*, c'est-à-dire « lézard de la Meuse », du nom de la rivière qui passe à Maastricht. Les scientifiques de l'époque pensèrent que la mâchoire pouvait appartenir à un crocodile ou à une baleine, mais les mosasaures sont aujourd'hui considérés comme apparentés aux lézards.

▼ UN MUSEAU PARTICULIER

Tylosaurus était un autre mosasaure géant de 15 m de long. L'extrémité de son crâne présentait une structure cylindrique allongée, que l'animal utilisait peut-être comme bélier pour frapper ses proies. Certains spécimens fossiles ont en effet été retrouvés avec des fractures de la mâchoire qui auraient pu être contractées lors de telles frappes et qui pourraient accréditer cette hypothèse.

Comment se forment les fossiles

Les dinosaures ont disparu il y a 66 millions d'années, longtemps avant que n'apparaissent les premiers humains. Presque tout ce que nous savons d'eux, nous l'avons appris à travers l'étude de leurs restes fossilisés. Les fossiles sont les traces laissées par des plantes ou des animaux qui ont été enfouis dans le sol et préservés dans la roche. Seul un infime pourcentage des formes de vie passées a été fossilisé, parce que la formation des fossiles nécessite une suite précise d'événements dont la probabilité pour qu'ils se produisent dans l'ordre et les conditions requises est très faible. Et même lorsque des plantes ou des animaux sont préservés sous forme fossile, ils sont souvent fortement endommagés dans le processus. Leur découverte nécessite également une conjonction d'événements souvent rares et fortuits.

Les yeux, la peau et les autres tissus mous sont généralement dévorés ou bien se décomposent.

▶ DU CADAVRE AU FOSSILE

Lorsqu'un animal meurt, ses chairs sont, dans la plupart des cas, consommées par les prédateurs et les charognards qui emportent des morceaux de son cadavre, qu'ils disloquent et dispersent. Les pièces ainsi éparpillées finiront par se décomposer et, le plus souvent, disparaîtront totalement avec le temps. Si toutefois le cadavre se trouve rapidement enfoui dans le sol alors qu'il est encore entier ou partiellement disloqué, ses chances de se fossiliser augmentent. Il peut être recouvert par les sédiments dans une lagune, par exemple, ou bien enseveli par les cendres lors d'une éruption volcanique. Le processus de fossilisation peut alors commencer, mais s'accompagne toujours de la perte d'une partie de l'animal. Les tissus mous, en effet, se décomposent le plus souvent totalement avant d'avoir pu laisser une empreinte dans la roche. Seules les parties les plus dures du corps seront préservées.

▲ LA MORT

Lors de la mort de l'animal, son cadavre se trouve soumis à l'action des charognards et des éléments, qui tendent à le faire disparaître. Il n'aura de bonnes chances d'être préservé que s'il est rapidement enfoui dans le sol.

▲ L'ENFOUISSEMENT

La situation idéale survient lorsque le corps tout entier est rapidement enfoui sous des sédiments fins, comme de la boue ou de la vase, avant même que des dommages ou la décomposition ne surviennent.

LA MINÉRALISATION ▲

Les tissus mous se décomposent, ne laissant que le squelette. Les matières organiques des os sont peu à peu remplacées par des éléments minéraux de l'eau et des sédiments.

Les éléments plus coriaces, comme les écailles osseuses et les rayons des nageoires, ont de meilleures chances d'être préservés.

Le squelette osseux, qui est la partie du corps qui subsiste le plus longtemps, est le plus susceptible d'être fossilisé.

▲ LA PÉTRIFICATION
À mesure que de nouvelles couches de sédiments s'accumulent, sous l'effet de la pression et de la minéralisation, le squelette et la couche dans laquelle il se trouve durcissent. Ils sont pétrifiés, c'est-à-dire transformés en roche.

▲ LA COMPRESSION
Sous l'effet du poids des couches supérieures, la pression augmente et les couches sédimentaires sont comprimées, formant des strates de roche dure. Les fossiles qu'elles contiennent sont aplatis sous l'effet de cette compression.

Les types de fossiles

Dans les profondeurs de la croûte terrestre, la chaleur et la pression due au poids énorme des couches constituant le sol se combinent pour transformer les sédiments en roches. Tout vestige d'animal ou de plante enfoui dans ces sédiments se trouve lui aussi pétrifié — littéralement « transformé en pierre » — et devient fossile. Mais selon la façon dont ils sont enfouis et dont se produit la fossilisation, les fossiles qui se forment peuvent être de différents types. Et ceux-ci peuvent encore subir des transformations lors de mouvements de la croûte terrestre tels que des soulèvements ou des fractures.

L'orbite de l'œil est encore visible sur le crâne aplati de cet ichtyosaure.

Empreintes fossilisées d'un grand dinosaure théropode, retrouvées en Espagne

▲ LES FOSSILES DE CORPS ENTIERS

Les os fossilisés et autres fragments d'animaux disparus de longue date offrent de captivants indices sur la vie passée. Les squelettes complets sont rares, mais très évocateurs. Le poids des sédiments sous lesquels s'est trouvé enfoui cet ichtyosaure a aplati son squelette. Mais même ainsi, ses os toujours assemblés montrent un nageur puissant.

▲ LES ICHNOFOSSILES : DES TRACES FOSSILISÉES

Au lieu du corps lui-même des animaux, ce sont parfois des preuves indirectes de leur existence qui se fossilisent, telles que des empreintes dans le sol, des marques de morsure dans les os, des excréments ou des nids. On les appelle des ichnofossiles. Ils peuvent révéler le comportement d'animaux disparus de longue date. Ces empreintes de pattes à trois doigts ont été laissées par un théropode.

Moulage fossile
d'une palourde marine
de l'époque des dinosaures

Reconstitution numérique de Haliestes dasos, *un pycnogonide fossile (les pycnogonides sont un groupe d'animaux marins cousins des araignées terrestres.)*

Nymphon gracile, une espèce de pycnogonide actuelle, ressemble beaucoup à sa parente fossile.

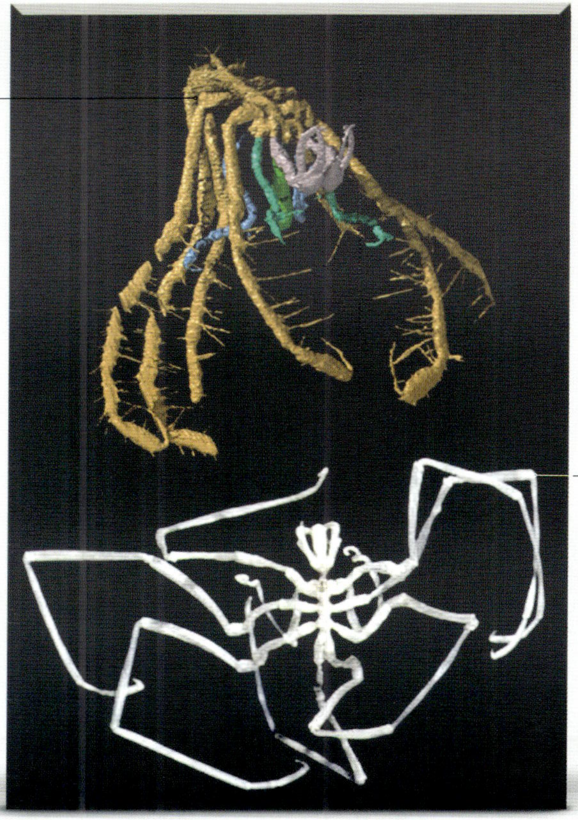

Fossiles aplatis et déformés du graptolite en forme de diapason nommé Didymograptus

▲ LES MOULAGES EXTERNES ET INTERNES

Au cours de la fossilisation, même des parties dures comme les os et les coquilles peuvent être dissous par les acides présents dans le sédiment. Toutefois, si le sédiment possède un grain très fin, il peut produire un moulage externe des formes exactes des restes de l'animal avant que ceux-ci ne disparaissent. Plus tard, des minéraux pourront remplir le vide laissé par le corps disparu et former un moulage interne, réplique exacte de l'original, comme c'est le cas de ces coquilles fossilisées dans du grès.

Carapace de trilobite fossilisée en une seule pièce

▲ LES FOSSILES VIRTUELS

La technologie informatique permet aux scientifiques de recréer des fossiles à l'écran sous la forme d'images numériques. Cette illustration montre un pycnogonide qui vécut il y a plus de 400 millions d'années et qui a été préservé sous forme de moule creux dans une roche sédimentaire. Le moule a été scanné tranche par tranche, puis les données obtenues ont été combinées pour produire une image 3D à l'écran.

▲ LES FOSSILES DÉFORMÉS

L'enfouissement des restes de plantes ou d'animaux peut non seulement les aplatir mais les déformer aussi d'autres manières. Cela est dû aux contraintes qui apparaissent dans la croûte terrestre quand les couches de roches glissent, se plissent et se cassent lors du soulèvement de montagnes. Ici, on voit des fossiles d'une espèce planctonique de plus de 400 millions d'années, qui ont été aplatis et comprimés de différentes manières.

◀ LES FOSSILES D'UNE SEULE PIÈCE

Certains animaux n'ont pas de squelette interne constitué d'os. Pour soutenir leur corps, ils présentent une carapace enveloppant leur organisme. On appelle celle-ci un squelette externe, ou exosquelette. C'est le cas des insectes, des crustacés et d'autres groupes comme les trilobites (ci-contre), un groupe éteint d'animaux marins du Paléozoïque. L'exosquelette recouvrant le corps d'un seul tenant, les fossiles de ces animaux se présentent généralement en une seule pièce.

Les indices fossiles

Les fossiles constituent des indices de grande valeur pour la reconstitution de la vie dans le passé. Après avoir été enfouis pendant des millions d'années, beaucoup sont découverts fortuitement, souvent après s'être trouvés exposés à l'air libre du fait de l'érosion des couches dans lesquelles ils se trouvaient. Une seule dent peut suffire à identifier une nouvelle espèce. Une simple plume peut modifier la vision que nous avions d'une espèce déjà connue.

Squelette complet d'*Homeosaurus*, un petit reptile du Jurassique

Dent de requin fossile à bord dentelé

▲ FAITS DE MINÉRAUX
Les parties dures du corps, telles que les os, les dents, les coquilles peuvent sembler résistantes, mais elles contiennent des composés chimiques qui peuvent se décomposer après la mort. L'un des processus de fossilisation a pour effet d'introduire au cœur de ces vestiges des minéraux qui les rendent plus durs et plus lourds. Les fossiles minéralisés sont les plus communs.

▶ PLUMES ET CARBONE
Constituées d'une protéine riche en carbone appelée kératine, les plumes comptent parmi les tissus mous les plus résistants et se décomposent donc plus lentement que les chairs. Durant la fossilisation, la kératine est dégradée en un résidu charbonneux très durable. La découverte de fossiles de dinosaures accompagnés de restes de plumes carbonisés a révolutionné notre vision de l'évolution des plumes et du vol, et des liens entre les dinosaures et les oiseaux.

Plumes du vol visibles sur ce fossile de Microraptor, un dinosaure chinois du début du Crétacé

Petit mammifère fossilisé avec une partie de sa peau et de ses poils

Sépales en forme de pétales

◀ LES TISSUS VÉGÉTAUX

La résistance des tissus végétaux est très variable. Le bois peut se maintenir de nombreuses années, tandis que les pétales de fleurs ne tiennent au mieux que quelques semaines. De ce fait, les fleurs fossilisées, comme cette *Florissantia* de 34 millions d'années retrouvée aux États-Unis, sont extrêmement rares.

▲ DES TISSUS MOUS PRÉSERVÉS

Dans certaines conditions extrêmement rares, des traces de tissus mous comme les poils et la peau, peuvent être préservées sous forme carbonisée ou minéralisée. Datant de 47 millions d'années, les schistes bitumineux de Messel, en Allemagne, livrent de nombreux fossiles de plantes et d'animaux exceptionnellement bien conservés. Certains ont été retrouvés avec des poils fossilisés et même leurs contenus stomacaux.

Cernes de croissance d'un arbre préservées

DU BOIS À LA SILICE ▶

Le bois est composé de cellulose, un glucide très résistant mais qui finit par se décomposer avec le temps. Durant sa fossilisation, dans certaines conditions, un minéral appelé silice peut pénétrer dans le bois et remplacer peu à peu la cellulose. La silice durcie préserve les détails de la structure cellulaire du bois. Cette forme de minéralisation permet aux spécialistes d'identifier l'espèce de l'arbre fossilisé.

▲ LES INSECTES

Les insectes comptent parmi les organismes vivants les plus nombreux, mais leurs fossiles sont assez rares parce que seuls certains d'entre eux ont un exosquelette assez dur pour être préservé par fossilisation. Ainsi, les fossiles complets de papillons avec leurs ailes, comme ce spécimen de 30 millions d'années retrouvé en France, sont exceptionnels.

Moule interne en pyrite d'une coquille d'ammonite

▲ UNE RÉPLIQUE EN PYRITE

La pyrite, aussi appelée l'« or des fous », est un sulfure de fer produit par certaines bactéries dans les boues et autres sédiments. Durant le processus de fossilisation, des cristaux de pyrite se développent à l'intérieur des coquilles et des os et créent des répliques des structures qu'ils remplacent. Il s'agit d'une autre forme de minéralisation.

La découverte des fossiles

La majeure partie des espèces d'animaux et de plantes ayant existé sur Terre sont aujourd'hui éteintes. Nous connaissons bon nombre d'entre elles grâce à leurs restes fossilisés. Mais à ce jour, les paléontologues n'ont retrouvé qu'une petite fraction des fossiles enfouis dans les roches. C'est pourquoi nous identifions sans cesse de nouvelles espèces à mesure que nous découvrons leurs vestiges. Les petits fossiles, tels ceux d'animaux à coquilles, sont généralement dégagés de la roche d'un seul bloc. Ceux des grandes espèces doivent être extraits morceau par morceau ; un processus souvent long et délicat.

LES FOUILLES ▶
Travaillant à flanc de colline dans le parc du Dinosaur National Monument, dans l'Utah (États-Unis), des paléontologues dégagent méticuleusement des os dispersés de dinosaures pris dans une gangue de dure roche sédimentaire. Il s'agit des fossiles de plusieurs grands sauropodes du Jurassique.

▼ LES OUTILS DU PALÉONTOLOGUE
Les roches sédimentaires peuvent être aussi dures que du béton et il est souvent nécessaire d'utiliser des scies à pierre, des marteaux et des burins pour dégager les fossiles qu'elles renferment. Il faut le faire avec beaucoup de précautions pour éviter d'endommager les os.

▼ LA ROCHE AUX RAYONS X

Une radiographie de la roche peut révéler les détails d'un fossile qui s'y trouve entièrement inclus, tel ce *Confuciusornis*. Les paléontologues utilisent ainsi les informations fournies par les rayons X pour déterminer comment séparer la roche et dégager le fossile sans l'endommager.

◀ LA TOMODENSITOMÉTRIE

Les rayons X ont également servi à reconstruire une image numérique de ce crâne de *Lambeosaurus* par tomodensitométrie. Cette technique d'imagerie médicale permet aux paléontologues d'obtenir une représentation en 2D ou en 3D afin d'étudier en détail la structure du crâne. Ils peuvent la faire pivoter pour l'observer sous différents angles et examiner des coupes de l'intérieur du fossile.

Des puzzles à reconstituer

Les restes de plantes et d'animaux se maintiennent rarement intacts après leur mort. Les processus de fossilisation dissocient et dispersent jusqu'à leurs parties les plus dures, telles que les squelettes et les coquilles. Normalement, tout ce qu'un paléontologue retrouve, c'est une collection de fragments isolés, parfois très disséminés dans la roche. Il doit d'abord les dégager et récupérer autant de pièces que possible pour ensuite reconstituer l'organisme original. Cela peut être particulièrement difficile avec les formes de vies éteintes de très longue date, surtout lorsque leur structure et leur aspect physique sont encore inconnus.

◀ RECONSTITUER L'HISTOIRE DE LA MORT
Les fossiles complets tel ce spécimen de *Citipati*, un dinosaure à plumes de la fin du Crétacé, en Mongolie, sont extrêmement rares. Plus rares encore sont ceux montrant, comme ici, l'animal dans une position vivante : celle d'un adulte gardant son nid et protégeant ses œufs. Ce fossile exceptionnel a été remarquablement préservé parce que cet animal a refusé de quitter son nid dans une tempête de sable qui l'a rapidement étouffé et enseveli.

◀ LES RESTES VÉGÉTAUX

Les scientifiques identifient les plantes à fleurs notamment d'après la forme de leurs fleurs, le nombre et la forme de leurs pétales et de leurs organes reproducteurs, qui produisent des graines. Mais les fleurs sont des structures végétales très délicates et leurs fossiles, comme celui de cette *Florissantia*, qui a vécu entre – 56 et – 23 millions d'années, sont particulièrement rares.

Ulodendron (tige fossile avec feuilles spiralées)

Lepidodendron (écorce fossilisée)

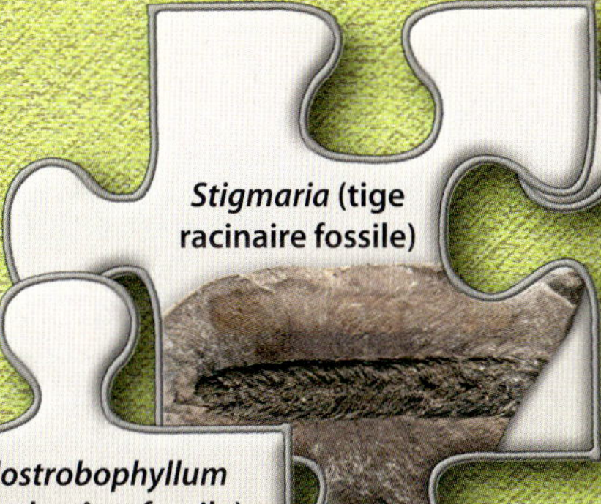

Stigmaria (tige racinaire fossile)

Lepidostrobophyllum (écaille de cône fossile)

Lepidostrobus (cône fossile)

Lepidodendron

◀▲▶ LA BONNE IDENTITÉ

Lorsque différentes parties d'une espèce inconnue sont découvertes en différents endroits par des personnes différentes, elles se voient attribuer des noms différents. Il a fallu du temps aux scientifiques pour comprendre que ces cinq fossiles végétaux appartenaient tous au même genre de végétal, un *Lepidodendron* des marais du Carbonifère, âgé de 359 à 299 millions d'années.

Griffe cornée du pouce placée au bout du nez, comme chez les rhinocéros

◀ LES ERREURS DES DÉBUTS

Au XIXe siècle, lorsque les premiers restes de dinosaures furent découverts et identifiés comme appartenant à un groupe de grands reptiles éteints, ces animaux étaient encore très mal connus. La taille gigantesque de leurs fossiles conduisit les premiers paléontologues à les imaginer avec des formes d'éléphants ou de rhinocéros plutôt qu'avec des allures reptiliennes. Ainsi, cette reconstitution ancienne d'*Iguanodon* était fortement erronée. On avait même placé sur son nez une pointe cornée qui était en réalité une griffe de son pouce !

LES PTÉROSAURES
Les scientifiques ont découvert des ossements fossilisés d'animaux comme *Pterodactylus*. Grâce à leurs connaissances de l'anatomie des êtres vivants, ils ont pu reconstituer l'aspect que pouvaient avoir ces ptérosaures.

Les dinosaures vivants

Le squelette des dinosaures

Pour toute espèce de vertébré, le squelette est l'armature interne autour de laquelle le corps s'organise. Il diffère d'un groupe animal à l'autre en fonction de son milieu, son régime alimentaire, son mode de vie. Les squelettes fossilisés des dinosaures constituent donc des indices essentiels qui nous renseignent sur l'aspect des différentes espèces, la façon dont ils se déplaçaient et dont ils vivaient.

▼ HERRERASAURUS

À la fin du Trias, *Herrerasaurus*, l'un des premiers dinosaures, avait le squelette typique d'un saurischien de la lignée des théropodes. Sa colonne vertébrale de 5 m de long soutenait un corps élancé pourvu d'une longue queue et de grandes pattes postérieures. Un cou court et puissant portait un crâne et des mâchoires robustes. C'est le type même du prédateur capable de rattraper ses proies à la course et d'utiliser sa force pour les mettre à bas.

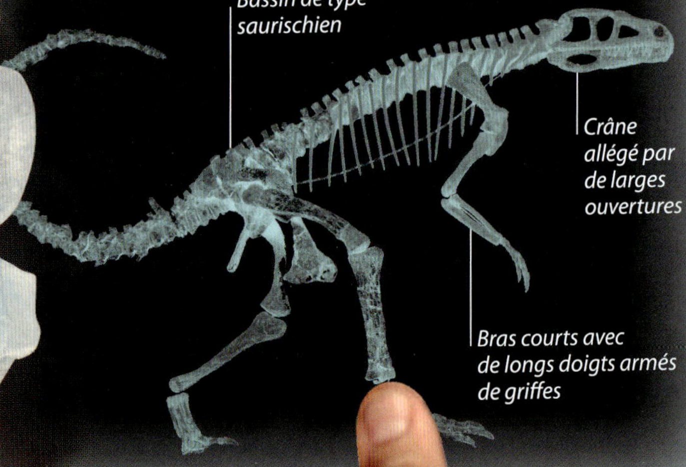

▼ TYRANNOSAURUS REX

Ce dinosaure célèbre entre tous avait le squelette typique du grand théropode. Sa robuste colonne vertébrale s'allongeait sur 12 m de la tête au bout de la queue. Certaines de ses vertèbres étaient ajourées afin de réduire leurs poids. C'était aussi le cas de son crâne énorme, dont la structure de la mâchoire montre que *T. rex* avait une morsure plus puissante que tout autre animal. Le corps massif s'élevait à 4 m au niveau du bassin, soutenu par des pattes postérieures très musclées.

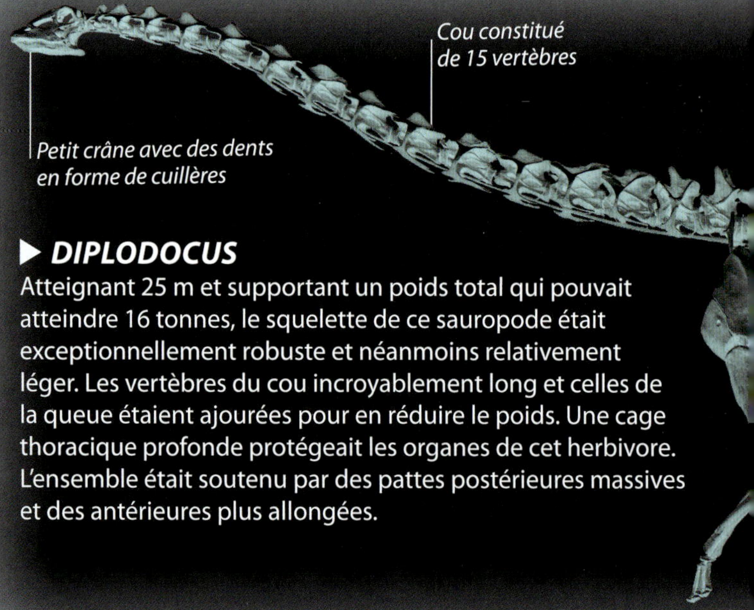

▶ DIPLODOCUS

Atteignant 25 m et supportant un poids total qui pouvait atteindre 16 tonnes, le squelette de ce sauropode était exceptionnellement robuste et néanmoins relativement léger. Les vertèbres du cou incroyablement long et celles de la queue étaient ajourées pour en réduire le poids. Une cage thoracique profonde protégeait les organes de cet herbivore. L'ensemble était soutenu par des pattes postérieures massives et des antérieures plus allongées.

▶ STEGOSAURUS

La double rangée distinctive de grandes plaques osseuses qui courait le long de son épine dorsale fait de *Stegosaurus* l'un des plus populaires des grands dinosaures de son groupe. De sa petite tête au bout de sa queue armée de deux paires de longues pointes, cet ornithischien, herbivore, atteignait 9 m de long. La colonne vertébrale formait une arche entre les longues et robustes pattes postérieures et les antérieures, plus courtes, soutenant une cage thoracique profonde.

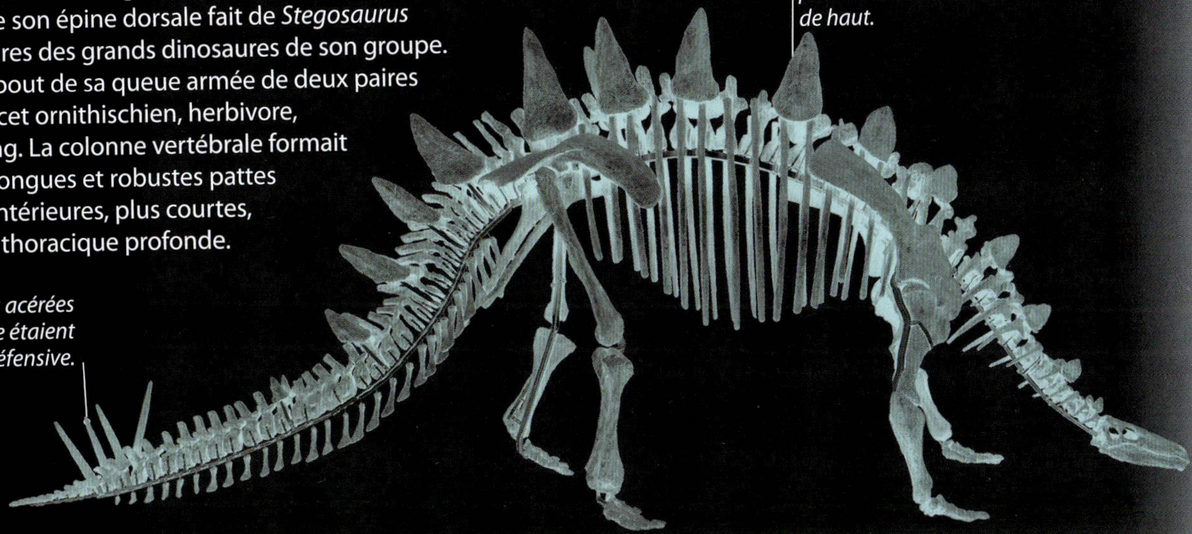

◀ ORNITHOMIMUS

Avec ses allures d'autruche, *Ornithomimus* était un théropode d'un autre type, pourvu d'un squelette léger de coureur rapide. Il possédait un long cou, un corps élancé et une queue raide et musclée, portés par de très longues pattes postérieures. Même les os des pieds étaient longs, et l'animal se dressait sur ses doigts pour courir. Se nourrissant de végétaux, de graines et de petits animaux, cet omnivore de 3 m de long avait un petit crâne avec un bec sans dents et de grandes orbites oculaires.

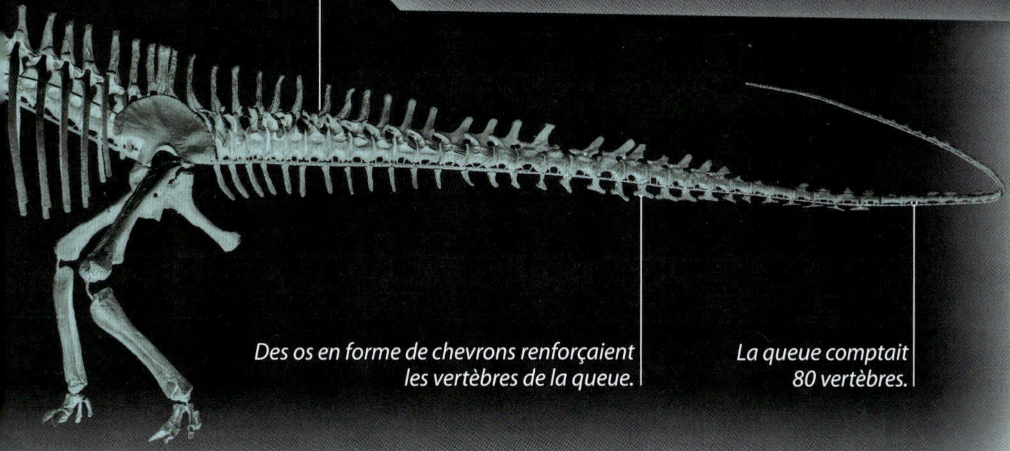

Elasmosaurus

Les plésiosaures étaient de gigantesques reptiles marins carnivores. Parmi eux figuraient des espèces à petite tête et à long cou comme *Elasmosaurus*, et les pliosaures à grosse tête et à cou plus large et plus court. Dans les deux cas, ils étaient pourvus de nageoires qui étaient en fait des membres transformés en palettes natatoires, et qui leur permettaient de propulser leur corps massif à travers les eaux. Ces prédateurs aquatiques dominèrent les océans du Jurassique et du Crétacé avant de disparaître totalement dans la grande extinction de la fin du Mésozoïque.

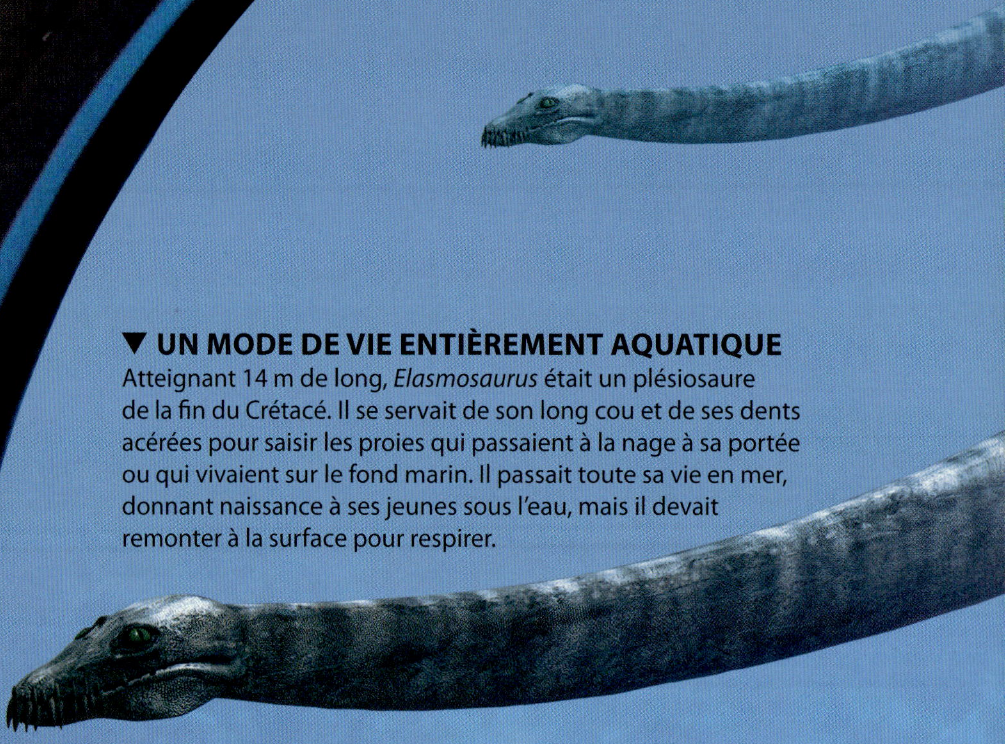

▼ UN MODE DE VIE ENTIÈREMENT AQUATIQUE

Atteignant 14 m de long, *Elasmosaurus* était un plésiosaure de la fin du Crétacé. Il se servait de son long cou et de ses dents acérées pour saisir les proies qui passaient à la nage à sa portée ou qui vivaient sur le fond marin. Il passait toute sa vie en mer, donnant naissance à ses jeunes sous l'eau, mais il devait remonter à la surface pour respirer.

▼ UN SQUELETTE DE PLÉSIOSAURE

Comme tous les plésiosaures à long cou, *Elasmosaurus* avait le squelette d'un prédateur marin pleinement adapté à son milieu. Le corps était gros mais de forme hydrodynamique. Les deux paires de membres en forme de nageoires étaient reliés au corps par de massifs os scapulaires et du bassin. Les puissants muscles qui mobilisaient les nageoires étaient reliés à ces os.

Le cou comptait plus de vertèbres qu'aucun autre animal ayant jamais vécu.

▼ DANS L'ESTOMAC DES PLÉSIOSAURES

On a retrouvé, dans le contenu fossilisé de l'estomac d'un plésiosaure à cou court, des becs cornés non digestibles des calmars dont il se nourrissait. Ceux d'autres plésiosaures à long cou ont révélé des restes de poissons et d'ammonites, ainsi que des gastrolithes, ces pierres que ces animaux avalaient sur les fonds marins pour aider au broyage des aliments dans leur estomac.

▲ UN COU INCROYABLE

Avec un cou composé de 72 vertèbres qui occupaient la moitié de la longueur de son corps, *Elasmosaurus* était une sorte de pendant marin des sauropodes terrestres à long cou. Grâce à cet appendice démesuré, l'animal pouvait sans doute capturer des proies sur le fond marin au passage, tout en nageant lentement entre deux eaux. Certains scientifiques se demandent s'il était assez souple pour lui permettre des mouvements latéraux pour saisir les poissons.

▲ D'ANCIENNES PATTES TRANSFORMÉES EN NAGEOIRES

Elasmosaurus possédait deux paires d'énormes nageoires rigides renfermant de très longs os des doigts. Elle lui servaient à propulser lentement son énorme corps à travers les eaux par un mouvement combiné de battement et de rotation, comme s'il volait.

Contenu stomacal fossilisé d'un plésiosaure

GROS CORPS ET PETIT CRÂNE ▶

Comme celui des sauropodes, le crâne d'*Elasmosaurus* était petit comparé au reste du corps. Le dessus était assez aplati et les mâchoires puissantes étaient garnies de longues dents acérées qui pointaient vers l'extérieur. Elles s'entrecroisaient pour mieux saisir les poissons glissants, qui étaient avalés tout entiers.

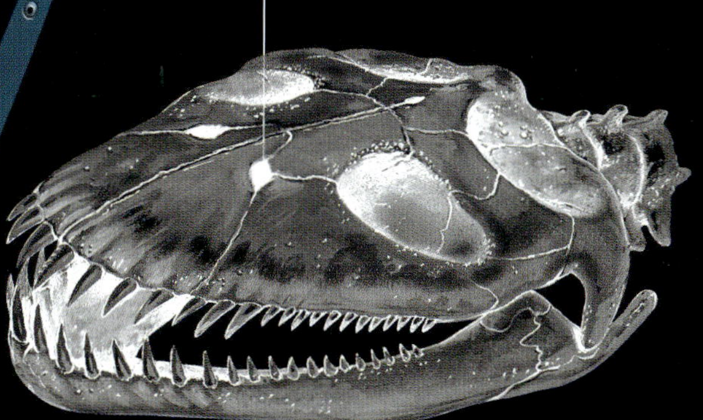

L'eau pénétrait par la bouche et ressortait par les narines.

Les rares fossiles de tissus mous

Les fossiles de tissus mous tels que la peau, les poils ou les plumes sont rares, mais peuvent être déterminants pour la connaissance des animaux disparus. Ainsi, une série de fossiles de dinosaures chinois découverts récemment révéla pour la première fois des animaux couverts de plumes. Ceux-ci démontrent l'existence d'un lien évolutif entre les dinosaures et les oiseaux. Ils prouvent aussi que les plumes ont évolué avant le vol et que leur rôle premier était celui d'isolant pour le corps, et qu'elles intervenaient probablement dans les parades et le camouflage. D'autres fossiles ont préservé non seulement la peau, mais aussi des indices sur la couleur de ces animaux.

▶ LES PLUMES

Les fossiles de *Confuciusornis*, oiseau primitif du début du Crétacé, récemment découverts en Chine, présentent des traces carbonisées de plumes des ailes et de la queue. Ils ont également préservé des cellules pigmentaires responsables de la couleur du plumage. Des analyses scientifiques de ces cellules microscopiques, réalisées en 2010, ont révélé que *Confuciusornis* arborait un plumage noir, gris et brun rougeâtre.

Longue paire de plumes caudales

▶ LA PEAU ÉCAILLEUSE

Parmi les nombreux squelettes fossilisés d'*Edmontosaurus* découverts en Amérique du Nord, certains conservent des traces de tissus mous, en particulier de sa peau écailleuse. Après la mort de l'animal, la majeure partie de ses organes se sont décomposés mais des portions de peau se sont desséchées et les grains fins du sable ou de la boue qui enfouissait l'animal ont conservé un moulage de ses écailles. Il montre de petites écailles pointues et d'autres, plus aplaties, qui les recouvrent.

Poils raides atteignant 16 cm de long

POILS OU PROTOPLUMES ? ▶

Ce spécimen bien conservé de *Psittacosaurus* comporte le squelette presque entier, quelques plaques de peau écailleuse et, sur la queue, d'étonnants filaments creux qui évoquent des protoplumes (voir p. 57). Sa découverte fut une surprise totale car *Psittacosaurus*, cératopsien bien connu du début du Crétacé, est un ornithischien. Or, jusque-là, les protoplumes n'étaient connues que chez les saurischiens. S'il s'agit bien de protoplumes – mais on n'en a pas la certitude –, ce serait la preuve que les plumes se sont développées chez des groupes de dinosaures bien plus diversifiés qu'on ne l'imaginait encore.

◀ LA PEAU LISSE

Des traces de peau autour d'un fossile de *Stenopterygius*, un ichtyosaure du Jurassique, dessinent la silhouette hydrodynamique de ce reptile marin, aux formes évoquant celles d'un dauphin. Les traces de peau ont été produites par un film bactérien qui s'est développé sur la peau après la mort de l'animal et fut ensuite préservé sous la forme d'une marque carbonisée (voir p. 36–37).

Lobe caudal préservé

Large nageoire antérieure

Bec dépourvu de dents

Portions de peau préservées recouvrant le corps

Large bec de canard typique des hadrosaures

▶ SOUS LE MICROSCOPE

L'ambre est de la résine d'arbre fossilisée. C'est un excellent milieu de préservation pour les insectes et autres petits animaux. Ce fossile de myriapode accompagné de plusieurs mouches a été trouvé en Amérique du Sud et remonte à l'époque Miocène, longtemps après la disparition des dinosaures. Attirés par l'odeur de la résine qui s'écoulait d'un tronc, ces arthropodes se sont retrouvés pris dans le liquide collant, puis ont été préservés dans la résine lorsqu'elle s'est durcie par la suite. L'ambre conserve même les tissus les plus infimes et les plus délicats, comme les ailes des mouches, ainsi que des organismes minuscules comme des bactéries parasites.

Myriapode de 23 millions d'années piégé dans l'ambre

Des animaux géants

Au début, les dinosaures étaient de petite taille mais avec le temps, ils développèrent des formes gigantesques. Le développement d'un animal est lié aux capacités de son organisme. Plus il est grand et gros, plus il est lourd et plus son cœur, ses poumons et ses autres organes doivent travailler dur pour le maintenir en vie et fournir de l'oxygène et des nutriments en quantités suffisantes à l'ensemble de ses cellules. La taille dépend en partie du milieu où vit l'animal, notamment de la disponibilité de la nourriture et du nombre d'espèces en concurrence dans ce milieu. De nos jours, la géante du monde vivant est la baleine bleue, qui reste le plus gros animal de tous les temps. Mais les vestiges fossiles montrent que certains dinosaures étaient presque aussi grands qu'elle.

❶ *SPINOSAURUS*

Ce théropode carnivore géant vivait en Afrique du Nord à la fin du Crétacé. Il portait sur le dos une grande voile de peau soutenue par de longues apophyses osseuses, qui jouait peut-être un rôle dans la régulation de la température corporelle. Il était armé de longues mâchoires de crocodile garnies de dents acérées pour saisir les proies. *Spinosaurus* devait atteindre 16 m de long et le poids de 12 tonnes, ce qui en fait le plus grand carnivore terrestre connu à ce jour.

❷ *MONOLOPHOSAURUS*

En 1984, on découvrit en Chine le premier et l'unique spécimen de théropode géant du Jurassique moyen : *Monolophosaurus*. Long de près de 6 m, ce carnivore bipède avait un crâne massif, parmi les plus gros et les plus étranges de tous les théropodes. Le museau était surmonté d'une grosse crête bosselée, creuse à l'intérieur, et qui lui servait peut-être de chambre de résonance pour amplifier ses cris. Mais les avis divergent sur ce point.

❸ *AMPHICOELIAS*

Le plus grand animal à avoir jamais foulé la terre ferme était peut-être *Amphicoelias*, qui vécut en Amérique du Nord à la fin du Jurassique. Mais ce sauropode n'est connu que par quelques fragments d'os, notamment de vertèbres, qui ont été découverts dans les années 1870. Ces vestiges furent dessinés et décrits mais perdus par la suite !
On estime que le fémur de l'animal devait mesurer 3,70 m de long. En se basant sur les proportions de ses espèces parentes les mieux connues, la longueur d'*Amphicoelias* devait être de l'ordre de 50 m et son poids de plus de 100 tonnes. Mais ces chiffres ne sont que pure spéculation.

❹ ARGENTINOSAURUS

Les sauropodes géants sont les seuls animaux terrestres dont la taille approche celle des baleines. *Argentinosaurus*, qui vivait à la fin du Crétacé, devait mesurer 30 m de long et peser jusqu'à 70 tonnes, c'est-à-dire plus de dix fois plus que nos éléphants actuels. Ces estimations sont basées sur les fossiles incomplets retrouvés à ce jour. L'animal avait des côtes creuses qui devaient réduire son poids mais, même ainsi, *Argentinosaurus* approchait le poids maximal qu'il soit possible d'atteindre pour un animal évoluant sur la terre ferme.

❺ LES MAMMIFÈRES GÉANTS

À l'ère Cénozoïque, après que les dinosaures eurent disparu, les mammifères atteignirent de très grandes tailles. Le plus grand à avoir vécu sur la terre ferme fut *Paraceratherium*, qui mesurait environ 8 m de long et pesait environ 15 tonnes. L'actuelle baleine bleue, *Balaenoptera musculus*, peut dépasser 30 m de long et 170 tonnes, ce qui en fait le plus gros animal de tous les temps.

❻ LES GÉANTS ACTUELS

Aucun animal terrestre actuel n'approche les dimensions atteintes par les plus grands dinosaures. L'éléphant d'Afrique, le plus grand animal terrestre de nos jours, atteint 4 m de haut au garrot et le poids de 6 tonnes.

Barosaurus

Dominant de la tête la plupart des autres dinosaures, *Barosaurus* était l'un des sauropodes géants qui hantaient les paysages de la fin du Jurassique. Cet herbivore habitait les plaines côtières luxuriantes d'Amérique du Nord. Atteignant environ 28 m de long et pesant entre 20 et 30 tonnes, il avait un cou spectaculaire de 9 m, un tiers plus long que celui de son cousin *Diplodocus*. Cela lui permettait d'atteindre des branches plus élevées que les autres sauropodes pour aller y brouter le jeune feuillage tendre. *Barosaurus* portait une rangée distinctive de plaques osseuses triangulaires le long de la colonne vertébrale, depuis la tête jusqu'au bout de la queue, qui faisaient peut-être office de moyen de défense ou qui jouaient un rôle dans les comportements de parade ou les démonstrations de force.

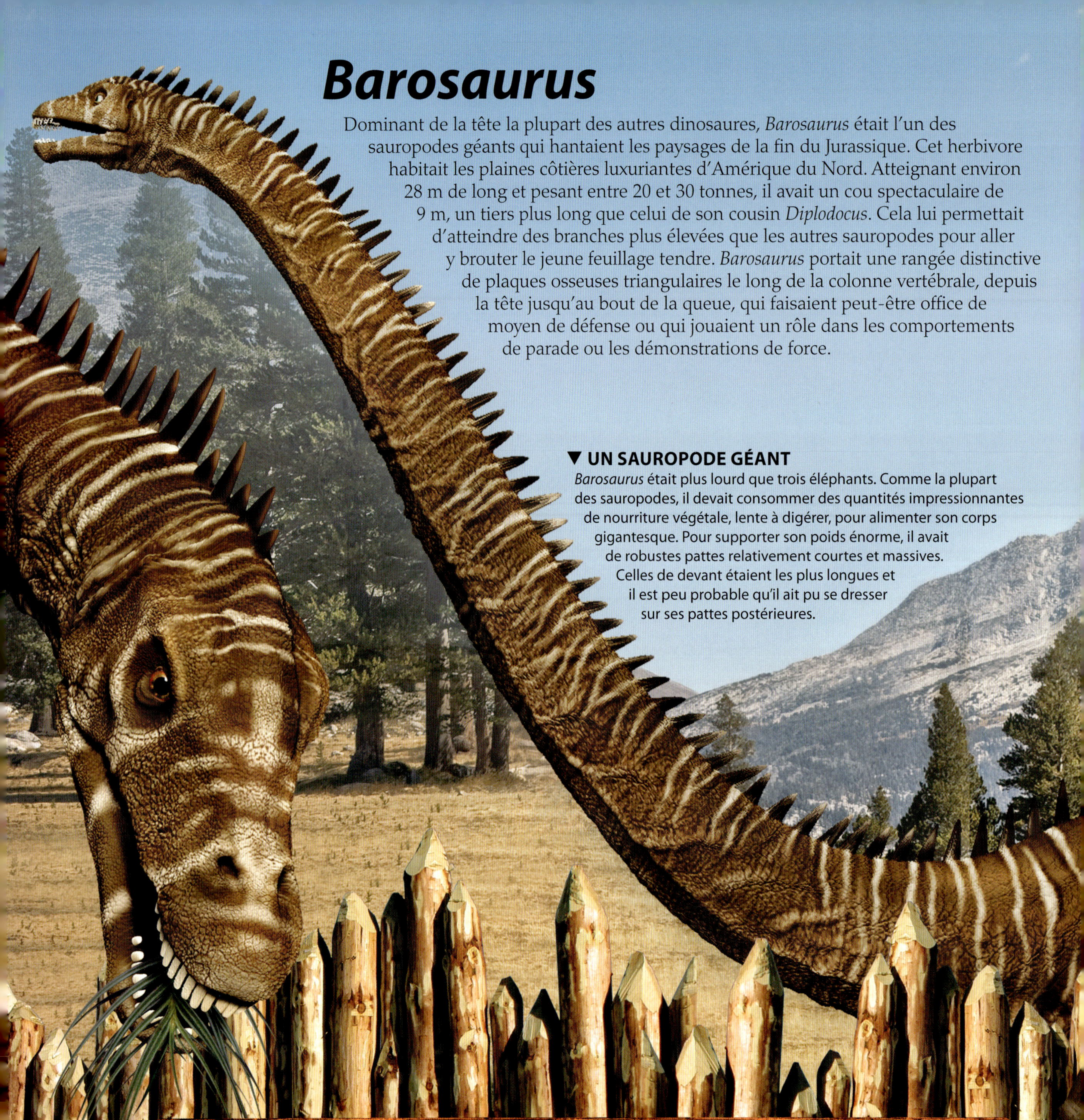

▼ UN SAUROPODE GÉANT

Barosaurus était plus lourd que trois éléphants. Comme la plupart des sauropodes, il devait consommer des quantités impressionnantes de nourriture végétale, lente à digérer, pour alimenter son corps gigantesque. Pour supporter son poids énorme, il avait de robustes pattes relativement courtes et massives. Celles de devant étaient les plus longues et il est peu probable qu'il ait pu se dresser sur ses pattes postérieures.

◀ DE PROCHES SOUSINS

Barosaurus est connu par quelques squelettes incomplets comportant des os des membres et des vertèbres mais aucun crâne ni os des pieds. Ces os sont très similaires à ceux de *Diplodocus*, mieux connu, mais diffèrent par suffisamment de détails pour les classer dans un genre distinct. Trois squelettes partiels furent mis au jour sur un même site dans l'Utah (États-Unis), ce qui suggère que ces animaux vivaient en troupeaux.

▼ UN COU DÉMESURÉ

Barosaurus comptait probablement 16 vertèbres cervicales, soit une de plus que *Diplodocus*, et celles-ci étaient environ un tiers plus longues que celles de son cousin, certaines atteignant 1 m de long. *Barosaurus* pouvait grâce à son cou immense brouter les cimes des arbres à 15 ou 20 m au-dessus du sol, c'est-à-dire la hauteur d'un immeuble de quatre ou cinq étages. Ce n'était pourtant pas le plus long cou de tous les sauropodes : celui de *Mamenchisaurus*, avec ses 14 m de long, battait tous les records.

Son cou de 9 m de long permettait à Barosaurus de consommer des feuillages que d'autres ne pouvaient atteindre.

▼ LE CRÂNE MANQUANT

À ce jour, on n'a retrouvé aucun crâne fossilisé de *Barosaurus*, mais les scientifiques supposent qu'il devait ressembler de près à celui du sauropode *Diplodocus*, de taille approchante. S'ils ont vu juste, *Barosaurus* devait avoir une tête relativement petite mais allongée et des mâchoires garnies, sur l'avant, de grosses dents en forme de cuillères, utilisées pour dépouiller les branches d'arbres des feuilles dont l'animal se nourrissait.

Longues dents en forme de cuillères sur l'avant des mâchoires

Crâne de *Diplodocus*

▲ UNE LONGUE QUEUE

Les vertèbres caudales de *Barosaurus* étaient plus courtes que celles de *Diplodocus*. De ce fait, bien que leur nombre de 80 au total fût probablement le même chez les deux animaux, la queue de *Barosaurus* était plus courte que celle de son cousin. Elle restait toutefois assez longue pour claquer comme un fouet et frapper les prédateurs lorsqu'ils attaquaient.

Les petits dinosaures

Lorsque l'on évoque les dinosaures, on imagine généralement d'énormes animaux disparus. Cette image n'est pas fausse, mais elle ne recouvre pas toute la réalité. D'une part il existait aussi des dinosaures de petite taille, d'autre part les plus petits d'entre eux — les oiseaux — sont encore en vie de nos jours. Les oiseaux, en effet, ont évolué à partir de petits dinosaures théropodes à la fin du Jurassique (voir p. 58-59). En outre, même avant que les oiseaux n'apparaissent, il existait de nombreux petits dinosaures ne dépassant pas 1 m de long. Les scientifiques doivent être prudents lorsqu'ils trouvent des fossiles de petite taille pour déterminer s'il s'agit d'un adulte d'une petite espèce ou d'un jeune d'une espèce plus grande.

❶ LES COLIBRIS
Les plus petits des dinosaures sont encore vivants de nos jours : ce sont les colibris. La plupart de ces oiseaux ne mesurent pas plus de 13 cm de long, mais certaines espèces ne dépassent pas 5 cm. Leur petite taille, leur légèreté et la structure de leurs ailes leur permettent le vol sur place.

❷ *SCUTELLOSAURUS*
Comptant parmi les plus petits dinosaures connus, cet ornithischien de conformation légère mesurait environ 1 m de long. Il se nourrissait de plantes et se déplaçait probablement sur ses pattes postérieures. Sa peau était recouverte de centaines de petits boutons osseux.

❸ *PSITTACOSAURUS*
Avec ses quelque 2 m de long, *Psittacosaurus* n'était pas le plus petit des dinosaures. Mais la moitié de sa longueur était occupée par sa queue et c'était assurément le plus petit des cératopsiens. Plus de 400 fossiles de cet animal ont été retrouvés.

❹ SINOSAUROPTERYX

Ce petit dinosaure mesurait tout juste 1 m de long, soit à peu près la taille d'une dinde. Parmi les théropodes, *Sinosauropteryx* était celui qui avait la queue la plus longue par rapport au corps. C'est aussi le premier dinosaure à plumes à avoir été découvert, en Chine en 1996.

❺ LESOTHOSAURUS

Ce dinosaure sud-africain du début du Jurassique mesurait aussi 1 m de long. *Lesothosaurus* était l'un des premiers et des plus primitifs des ornithischiens. Herbivore, il était capable de courir très vite pour échapper à ses prédateurs.

❻ HETERODONTOSAURUS

Voici un autre petit ornithischien sud-africain du début du Jurassique. Avec seulement 1 m de long, *Heterodontosaurus* était essentiellement herbivore, mais ses longues mains griffues et ses dents de trois types différents suggèrent qu'il devait également agrémenter ses repas de petites proies animales.

Les dinosaures à plumes

Les chercheurs connaissent des plumes fossiles depuis les années 1860, mais jusqu'à une date récente, ils pensaient que celles-ci étaient l'apanage des oiseaux uniquement et qu'elles étaient apparues pour permettre le vol. Lorsque *Archaeopteryx*, porteur de plumes, fut découvert, il fut rangé parmi les oiseaux, même s'il présentait de nombreux caractères reptiliens. Mais à partir des années 1990, la mise au jour de nombreux petits dinosaures pourvus de plumes rudimentaires a complètement bouleversé les idées que nous avions sur le sujet. En fait, les découvertes les plus récentes prouvent que des plumes primitives sont apparues chez certains dinosaures théropodes longtemps avant que les oiseaux ne les mettent à profit pour le vol.

▶ *MICRORAPTOR*

Avec seulement 77 cm de long, ce petit deinonychosaure du début du Crétacé possédait des plumes du vol à structure asymétrique, tout comme les oiseaux. Seules les plumes asymétriques, plus larges d'un côté que de l'autre, sont capables de générer la portance permettant le vol. *Microraptor* en avait sur les pattes, sur ses longs bras et sur sa longue queue. Or, *Microraptor* était bien un dinosaure, pas un oiseau. Au sol, ces plumes devaient être une gêne pour la marche et la course. On suppose qu'il était capable de planer d'arbre en arbre pour rechercher sa nourriture et éviter les prédateurs terrestres.

▲ *SINOSAUROPTERYX*

Lorsqu'il fut mis au jour en Chine en 1996, *Sinosauropteryx* fit sensation. C'était le premier fossile d'un dinosaure non avien à être découvert avec des traces de plumes primitives. Son corps et sa longue queue étaient recouverts d'un court duvet. Ces « protoplumes » simples apparaissaient très semblables au duvet des oiseaux modernes et, selon toute vraisemblance, servaient à isoler le corps de l'animal, et non pas au vol. Avec seulement 1 m de long, *Sinosauropteryx* était presque identique à *Compsognathus*, un autre petit théropode. Tous deux étaient des petits prédateurs rapides au corps élancé

▲ *CAUDIPTERYX*

Autre théropode du début du Crétacé, *Caudipteryx* présentait lui aussi un duvet sur le corps, mais ses bras courts et sa longue queue portaient en outre des plumes plus longues et plus évoluées, plus proches de celles des oiseaux. Le duvet l'aidait manifestement à conserver sa chaleur corporelle, tandis que les plumes plus longues lui servaient probablement lors des parades nuptiales pour attirer un partenaire sexuel. L'analyse du squelette de *Caudipteryx* montre que cet animal de la taille d'une dinde était incapable de voler et même de planer. Ce bipède était bâti pour la course de vitesse au sol, pour chasser les insectes et échapper aux prédateurs.

▶ L'ÉVOLUTION DES PLUMES

Les nombreuses découvertes de fossiles en Chine dans les années 1990 accréditent la théorie selon laquelle les plumes ont évolué bien avant le vol des oiseaux. Se développant à partir d'écailles de peau, les formes les plus primitives, appelées protoplumes, étaient de simples brins ressemblant à des poils. Celles-ci devinrent ensuite plus complexes, se ramifiant en barbes qui se développaient autour d'un axe central : le rachis. Les barbes se subdivisèrent ensuite en minuscules barbules qui, en se prenant les unes dans les autres, rendaient les plumes plus rigides et mieux profilées. Au début, le rôle des plumes dut se limiter à celui d'isolant et, grâce à leurs couleurs, à celui de camouflage ou de signaux visuels pour les parades, par exemple. Ce n'est que par la suite qu'elles évoluèrent en forme de longues lames asymétriques nécessaires au vol plané ou battu.

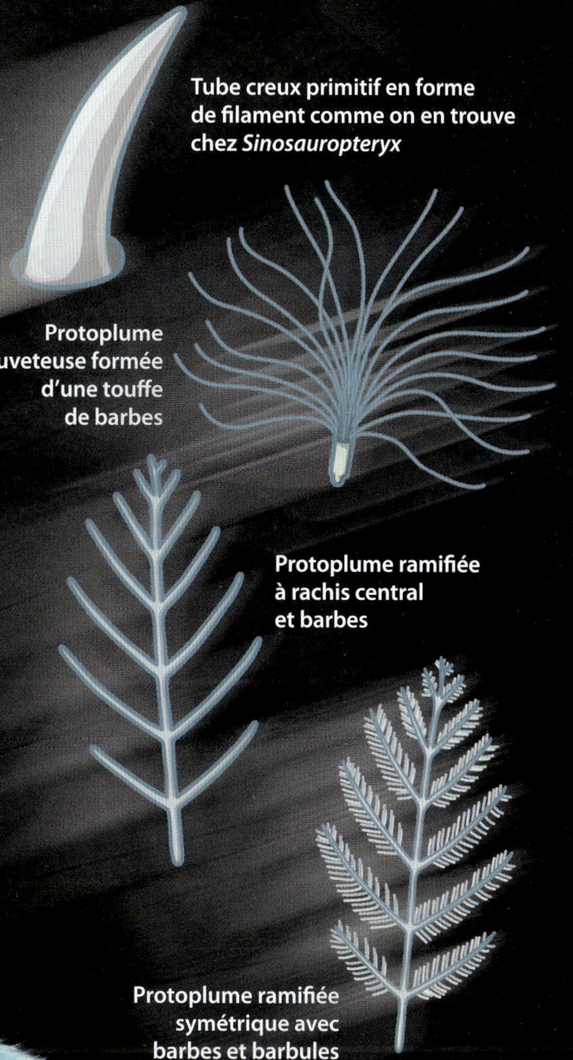

Grosse griffe incurvée servant à lacérer les proies

▲ *VELOCIRAPTOR*

En 2007, un fossile de *Velociraptor* — un dinosaure alors déjà bien connu — fut découvert avec, sur l'os de l'avant-bras, des petites bosses régulièrement espacées ressemblant aux points de fixation des plumes du vol présents chez certains oiseaux actuels. Les chercheurs en ont déduit que *Velociraptor* portait probablement de grandes plumes aux bras, et sans doute aussi sur d'autres parties du corps. Ce bipède du Crétacé mesurait 2 m de long (à peu près la taille d'un loup) et était un prédateur actif. Courant sur ses longues pattes postérieures musclées et utilisant sa longue queue comme balancier, il pouvait rattraper ses proies à la course… mais il était incapable de voler.

▲ *ALXASAURUS*

Parmi les plus étranges des théropodes à plumes figurait *Alxasaurus*, qui atteignait 4 m de long. Des fossiles de l'animal comportant des impressions de sa peau présentent une couverture de duvet sur le corps et des plumes plus longues sur les bras, mais ce gros et lent herbivore était bien incapable de prendre les airs. Les couleurs représentées ici sont imaginaires. En effet, comme c'est le cas pour la peau, les fossiles préservent rarement des indices sur la pigmentation, et les scientifiques en sont réduits à des suppositions en se basant sur ce qui existe chez les animaux actuels.

Archaeopteryx

Les vestiges d'*Archaeopteryx*, découverts près de Solnhofen, en Allemagne, dans une strate calcaire de la fin du Jurassique, comptent aujourd'hui parmi les fossiles les plus célèbres du monde. En 1860, on découvrit d'abord les restes carbonisés d'une unique plume, puis, l'année suivante, un squelette incomplet. Il fallut attendre 1874 pour mettre au jour le troisième fossile. Il s'agissait d'un squelette remarquablement conservé d'un petit animal de la taille d'un corbeau. Sa longue queue osseuse, ses bras longs et minces et ses pattes étaient entourés d'impressions faibles mais distinctes laissées par de longues plumes asymétriques. Ces vestiges furent rapidement salués comme ceux de l'ancêtre de tous les oiseaux et se virent attribuer le nom d'*Archaeopteryx*, ce qui signifie « aile ancienne ». De nos jours, toutefois, les chercheurs ne sont plus aussi sûrs de cette parenté. Les découvertes récentes le placeraient non plus sur la branche qui a conduit aux oiseaux mais sur une branche cousine de dinosaures à plumes éteints : les deinonychosaures.

▼ DE LARGES AILES

Les longs os de ses ailes conféraient à *Archaeopteryx* une envergure d'environ 58 cm. On ignore s'il était capable de voler activement en battant des ailes, ou simplement de planer d'arbre en arbre. Quoi qu'il en soit, ses muscles du vol peu développés et sa longue queue osseuse ne devaient lui autoriser qu'un vol très maladroit. Ses bras portaient encore trois doigts griffus qui lui servaient peut-être pour grimper et s'accrocher aux branches.

▲ DE PROCHES PARENTS

Long de 30 cm, *Archaeopteryx* ressemblait beaucoup aux petits théropodes bipèdes, comme *Compsognathus* (ci-dessus) ou comme les deinonychosaures tels que *Microraptor* ou *Velociraptor*. D'ailleurs, en l'observant à la lumière des dernières découvertes, certains chercheurs lui trouvent beaucoup plus de ressemblance avec ces deux derniers qu'avec les oiseaux. Les données sont encore peu nombreuses pour confirmer qu'*Archaeopteryx* n'est pas l'ancêtre des oiseaux, mais un doute sérieux existe désormais.

◀ DES OISEAUX PLUS MODERNES

Si *Archaeopteryx* était véritablement un oiseau, il était en tout cas très primitif. Sa longue queue osseuse, ses doigts griffus et son bec denté trahissaient sa proche parenté avec les petits théropodes desquels il était issu. Les oiseaux plus évolués qui apparurent par la suite, comme cet *Ichthyornis*, de la fin du Crétacé, conservaient un bec denté. Mais la longue queue osseuse et les doigts griffus avaient disparu.

▲ LA PREUVE DE L'ÉVOLUTION

La première plume fossile d'*Archaeopteryx* était nettement asymétrique, comme les plumes du vol des oiseaux modernes. Lorsque le squelette entier fut trouvé, l'Anglais Thomas H. Huxley mit en avant le mélange de caractères reptiliens et aviens présents chez l'animal. Il était convaincu qu'*Archaeopteryx* était le lien entre les dinosaures et les oiseaux, et la preuve de la validité de la nouvelle théorie de l'évolution de Charles Darwin.

▲ UN ANCÊTRE DÉCHU ?

Bien que porteur de caractères dinosauriens, comme ses doigts griffus, *Archaeopteryx* a longtemps été reconnu comme le plus ancien et le plus primitif des oiseaux découverts à ce jour. Toutefois, les scientifiques n'ont jamais trouvé de chaînon manquant le reliant aux oiseaux modernes. Il se pourrait qu'ils ne le trouvent jamais si les soupçons sur sa place dans l'évolution se confirment parce que, dans ce cas, il n'existerait tout simplement pas.

UN FOSSILE DÉTAILLÉ ▶

Onze spécimens fossilisés d'*Archaeopteryx* ont été mis au jour. Le squelette de 1861, premier à être identifié comme un oiseau, fut acquis par le British Museum de Londres, au Royaume-Uni. Mais la majeure partie de son crâne était manquante. Le spécimen le plus complet à ce jour (ci-contre) est celui de 1874. Il appartient aujourd'hui au musée d'histoire naturelle de Berlin, en Allemagne.

L'anatomie des dinosaures

Pour déterminer comment fonctionnait l'organisme des dinosaures, les scientifiques ont besoin de connaître leur anatomie, c'est-à-dire non seulement leur squelette et leurs dents, mais aussi leur musculature et leurs organes internes. Ils le font essentiellement par des comparaisons avec les plus proches parents vivants des dinosaures : les oiseaux et les crocodiles. Parfois, les fossiles de dinosaures offrent également des indices, comme, par exemple, les marques sur les os montrant les points d'attache des muscles. En revanche, les restes fossilisés des muscles eux-mêmes et des autres tissus mous sont extrêmement rares.

◄ L'ANATOMIE D'UN HERBIVORE

Les plantes fournissent peu d'énergie à moins d'être consommées en énormes quantités. Les grands herbivores ont donc besoin d'un gros estomac pour stocker toute la nourriture dont ils ont besoin. Le sauropode géant *Brachiosaurus* devait manger 200 kg de feuilles par jour. Mais les fibres végétales sont difficiles à digérer, et comme l'animal ne mastiquait pas sa nourriture, il devait disposer, dans son énorme estomac, de sucs digestifs puissants et de toute une flore bactérienne pour l'aider à dégrader ses aliments.

L'ANATOMIE D'UN CARNIVORE ►

À volume égal, la viande fournit plus d'énergie que les plantes et les carnivores n'ont pas besoin d'un estomac aussi gros ni de passer autant de temps à manger que les herbivores. En revanche, les grands carnivores comme ce *Carnotaurus* consommaient beaucoup de temps et d'énergie à chasser ou à rechercher des charognes. Ils avaient besoin de gros poumons pour alimenter en oxygène leur énorme volume sanguin, ainsi que d'un gros cœur pour irriguer efficacement leur cerveau et tout leur organisme.

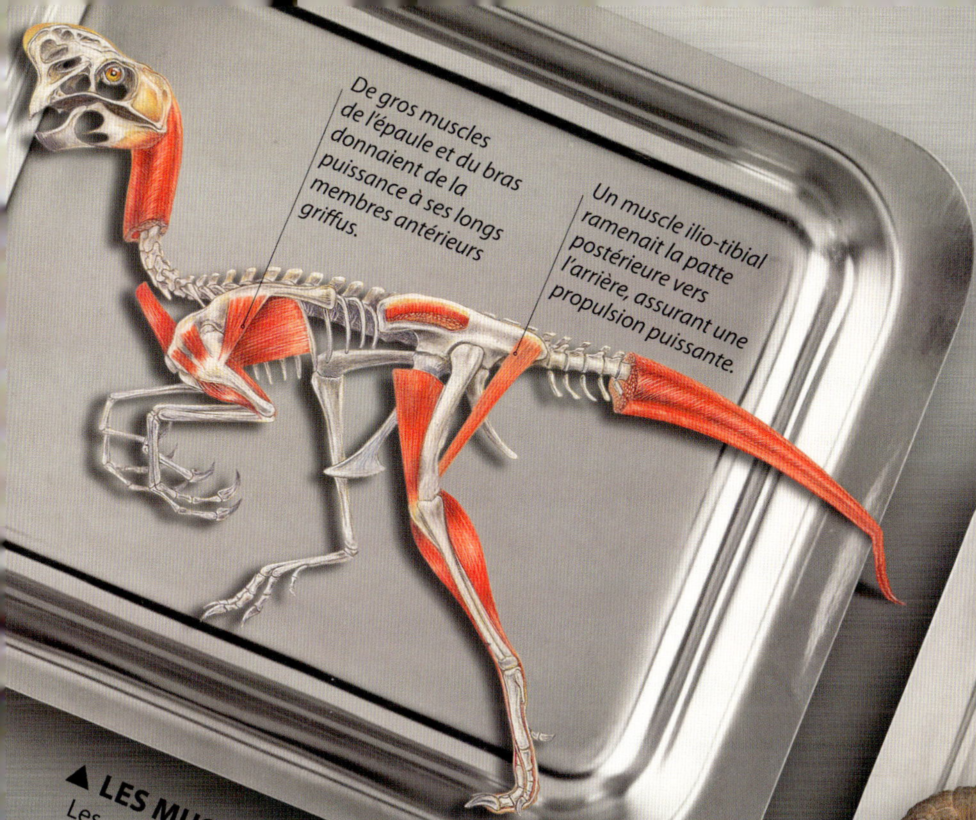

▼ UN SUPPLÉMENT DE DIGESTION

De nombreux oiseaux et reptiles possèdent un organe digestif spécial appelé gésier, et les dinosaures herbivores en disposaient aussi. Cette poche à la paroi musculeuse avait pour fonction de malaxer les aliments avant que ceux-ci ne passent dans l'estomac pour poursuivre leur digestion sous l'action de bactéries. *Euoplocephalus*, cet herbivore de 6 m de long et à la silhouette compacte, avait de petites dents et ne pouvait pas mastiquer efficacement ses aliments. Ceux-ci étaient donc broyés par son gésier avant d'être transférés dans son gros estomac.

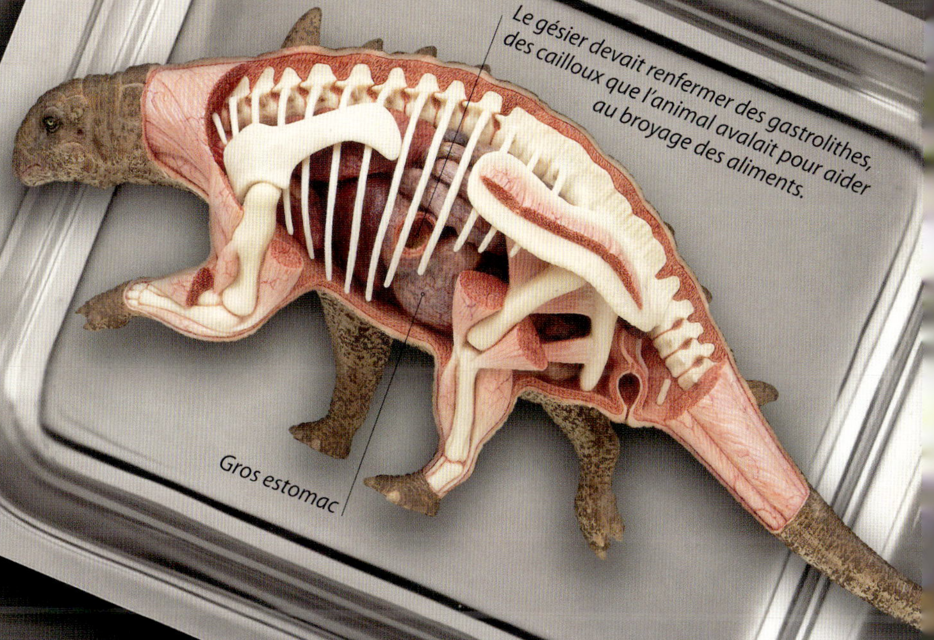

▲ LES MUSCLES

Les os du squelette conservent à leur surface des marques des zones où les muscles et les tendons viennent s'attacher. En étudiant la disposition de ces marques, les scientifiques peuvent reconstruire la musculature d'un animal et se faire une idée de la façon dont il se déplaçait et se comportait. On sait par exemple qu'*Oviraptor*, un petit téhropode de 2 m de long, possédait deux longs membres postérieurs mus par des muscles spéciaux de type avien qui lui permettaient de courir très vite.

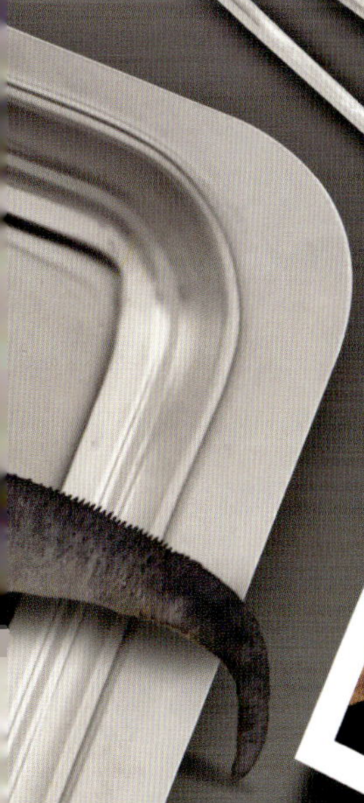

◀ LES EXCRÉMENTS DES DINOSAURES

Il arrive que les excréments se fossilisent, devenant alors des coprolithes. L'étude de ceux des dinosaures révèle de fascinants détails sur leur régime alimentaire. La difficulté, c'est de déterminer à quelle espèce un coprolithe appartenait, mais une analyse approfondie de son contenu montre les différents aliments ingérés. Ainsi, les coprolithes des dinosaures herbivores renferment des graines, des pollens, parfois même des fragments de feuilles identifiables. Ceux des dinosaures carnivores sont généralement pleins de fragments d'os qui peuvent permettre d'identifier les animaux chassés.

Le cerveau des dinosaures

Comme les reptiles actuels, la plupart des dinosaures avaient un petit cerveau comparativement à la taille de leur corps. Chez certains herbivores, il était même très petit. Toutefois, la lignée des théropodes a connu une augmentation notable de la taille relative de l'encéphale, notamment parmi ceux qui sont proches des oiseaux. Il s'agissait en effet de prédateurs alertes, rapides et très actifs, dotés d'une bonne vue pour repérer leurs proies. Un cerveau plus gros leur était nécessaire pour assurer une meilleure coordination entre leurs sens plus aiguisés et leurs actions. Les capacités supérieures des théropodes dans ce domaine étaient directement liées à leur mode de vie.

▼ L'EXEMPLE DE *KENTROSAURUS*

Bien que *Kentrosaurus* mesurât 5 m de long, le crâne de ce paisible herbivore était relativement petit et ne laissait pas beaucoup de place à l'encéphale. La présence d'un renflement de sa moelle épinière au niveau du bassin a parfois fait croire, à tort, qu'il possédait un second cerveau plus gros pour contrôler l'arrière de son corps. Il semble qu'il s'agissait plutôt d'un centre de stockage d'énergie pour le système nerveux, comme c'est le cas chez les oiseaux actuels. Quoi qu'il en soit, on en a souvent déduit que l'animal, comme tous les stégosaures, devait être doté d'une intelligence extrêmement réduite et que son existence devait se résumer à celle d'un tube digestif ambulant. Mais cette vision résulte d'une mauvaise façon d'aborder la question. La vie des stégosaures, et des dinosaures en général, était régie par les mêmes besoins que celle de la plupart des animaux actuels. Les performances de leur cerveau devaient être parfaitement adaptées à leurs besoins, sans quoi ils n'auraient certainement pas occupé la Terre pendant des millions d'années.

▼ L'ENCÉPHALE DE *KENTROSAURUS*

Même pour un dinosaure, *Kentrosaurus* avait vraiment un très petit cerveau. Ce stégosaure possédait pourtant un corps massif, mais son crâne était tout petit, constitué en majeure partie par son long museau et ses mâchoires. La cavité contenant l'encéphale, appelée boîte crânienne, n'était pas plus grosse qu'une noix. Toutefois, le rapport entre le poids du corps et celui du cerveau de *Kentrosaurus* n'était pas inférieur à la moyenne constatée chez les reptiles en général.

Son petit cerveau était tout de même trois fois plus gros que la moyenne chez un reptile de cette taille.

La forme du crâne laissait peu de place à l'encéphale.

◀ *TYRANNOSAURUS*

Bien que *Tyrannosaurus rex* eût un énorme crâne de 1,50 m de long, son encéphale n'atteignait que 23 cm. Cela semble peu mais c'était un gros encéphale comparé à celui de la plupart des dinosaures, et ses proportions relativement à son corps étaient plus proches de celles que l'on rencontre chez les oiseaux. Le moulage de sa boîte crânienne présente également de gros bulbes olfactifs, ce qui démontre que ce prédateur devait avoir un sens de l'odorat particulièrement développé.

▲ *BAROSAURUS*

Les gigantesques herbivores qu'étaient les sauropodes tels que *Barosaurus*, se déplaçaient lentement. Leur cerveau, relativement à la taille de leurs corps, était plus petit que celui des autres reptiles. L'animal mesurait 28 m de long, mais son petit crâne présentait un long museau derrière lequel se logeait une courte boîte crânienne, abritant un encéphale d'à peine 12 cm de long.

Moulage de l'encéphale de *Tyrannosaurus rex*

Le cerveau humain mesure environ 12 cm de large.

Troodon

Rapide et intelligent, ce petit théropode couvert de plumes était peut-être celui qui, de tous les dinosaures, possédait le plus gros cerveau par rapport à sa taille. Sa conformation légère en faisait un prédateur agile, capable de chasser de petites proies mobiles. Son crâne étroit portait de grand yeux tournés vers l'avant, qui lui permettaient de juger avec précision la distance qui le séparait d'une victime afin de pouvoir lui bondir dessus, même au crépuscule par faible luminosité. Ses mâchoires étaient armées d'environ 120 petites dents acérées à bord dentelé, courbées vers l'intérieur. Leur forme suggère que, si *Troodon* était essentiellement un prédateur carnivore, il devait également consommer quelques plantes à l'occasion et qu'il vivait comme un omnivore.

▼ UN COUREUR BIPÈDE
Troodon marchait sur ses deux pattes postérieures longues et élancées. Les os de leur partie inférieure étaient plus longs que celui de la cuisse, ce qui était une adaptation à la course rapide. Les pieds étaient constitués de longs os métatarsiens, avec trois doigts griffus. Le deuxième portait une grosse griffe en faucille que *Troodon* utilisait probablement pour clouer ses proies au sol. Cette arme mortelle pouvait être maintenue en position relevée afin d'éviter d'être endommagée par contact avec le sol lorsque l'animal courait.

▲ UN SQUELETTE BÂTI POUR LA VITESSE
Les bras écartés et la gueule ouverte, ce squelette montre *Troodon* prêt à bondir sur sa prochaine victime. L'animal était grand comme un homme de bonne taille, mais il ne devait pas être plus lourd qu'un enfant. Ce qui lui manquait en taille et en force, il le compensait par la vitesse. Il appartenait au groupe des deinonychosaures, ce qui signifie « lézards à griffe terrible ». Ce nom fait évidemment référence à la griffe surdimensionnée que ses représentants portaient sur le deuxième doigt des pattes.

◀ UNE VISION 3D

La forme du crâne et la position des yeux de *Troodon* lui offraient une vision binoculaire orientée vers l'avant. Les images ainsi procurées permettaient à son cerveau de reconstituer le relief, donnant donc une excellente perception de la profondeur. De ce fait, *Troodon*, comme beaucoup de prédateurs actuels, pouvait se focaliser sur ses victimes et juger avec précision la distance qui les séparait de lui. Cette perception est importante pour un chasseur qui doit effectuer des bonds en avant pour saisir ses proies.

▼ POUR L'ÉQUILIBRE

Comme beaucoup de théropodes, *Troodon* avait une longue queue qui constituait environ la moitié de sa longueur. Ses vertèbres caudales présentaient des apophyses orientées vers le bas auxquelles venaient s'attacher des muscles et des tendons. Ceux-ci conféraient à la queue une rigidité et une force qui lui permettaient d'agir comme un balancier, équilibrant le reste du corps lorsque *Troodon* courait.

▼ LES ŒUFS FOSSILISÉS DE *TROODON*

À Egg Mountain, un site paléontologique de la fin du Crétacé, dans le Montana, aux États-Unis, on a retrouvé de nombreux nid fossilisés de *Troodon*, avec des squelettes d'adultes recouvrant des ensembles comportant une moyenne de 24 œufs. Cela suggère que les parents couvaient leurs œufs pour les maintenir au chaud pendant qu'ils incubaient, tout comme le font aujourd'hui les oiseaux.

Marcher et courir façon dinosaure

Les empreintes et les pistes que les dinosaures ont laissées dans des sols mous font partie des vestiges fossiles assez courants (voir p. 34). Dans la mesure où l'on retrouve rarement des ossements avec ces empreintes, les scientifiques ne peuvent dire exactement à quelles espèces elles appartiennent. En revanche, leur taille et leur forme permettent d'estimer leur genre. Ces traces peuvent aussi fournir des informations sur l'attitude et le comportement des dinosaures : marchaient-ils sur deux ou quatre pattes ? Se déplaçaient-ils seuls ou en troupeau ? À quelle vitesse marchaient-ils ou couraient-ils ? Elles révèlent même parfois les embuscades de prédateurs lorsque des pistes de ces derniers rejoignent soudain celles de paisibles herbivores.

❶ DES TRACES TRÈS ANCIENNES

Des empreintes fossilisées des premiers vertébrés terrestres ont été découvertes dans des strates rocheuses datant de la fin du Dévonien, il y a environ 370 millions d'années. Toutefois, les vestiges de ce genre ne deviennent communs qu'à la période suivante, le Carbonifère, lorsque les premiers reptiles ont commencé à évoluer. Ces animaux terrestres primitifs restaient proches de l'eau d'où ils étaient sortis et laissaient leurs traces dans les boues humides des forêts marécageuses. Les empreintes de reptiles à cinq doigts que l'on voit ici on été découvertes au Canada en 2010.

Empreintes profondes laissées par un dinosaure très lourd

Les pistes parallèles montrent des dinosaures se déplaçant côte à côte ou en troupeaux.

❷ SUR LA PISTE DES THÉROPODES

Les empreintes fossiles de grands pieds à trois doigts commencèrent à être découvertes dans les années 1840. Les chercheurs réalisèrent qu'elles avaient été laissées par des animaux bipèdes, qu'ils imaginèrent d'abord comme des oiseaux géants. De nos jours, on sait que des empreintes comme celles-ci, découvertes en Espagne, distantes de près de 1 m les unes des autres, sont dues à des grands dinosaures théropodes.

❸ AU BORD DU LAC

La carrière de Cal Orck'o, près de la ville de Sucre, en Bolivie, est le plus grand site connu au monde d'empreintes de dinosaures. Elle regroupe des traces de plusieurs centaines d'espèces, imprimées dans la roche calcaire du temps où celle-ci était encore une boue molle. C'était à l'origine une berge de lac de la fin du Crétacé, où divers herbivores déambulaient, parfois attaqués par des carnivores en quête de proies. Les traces furent ensevelies, puis la roche durcit avec le temps et bascula ensuite sous l'effet des mouvements de la croûte terrestre.

❹ DES PLUS LENTS AUX PLUS RAPIDES

Le plus souvent, les pistes fossiles de dinosaures sont dues à de lents quadrupèdes qui se déplaçaient à des vitesses variant entre 3 et 14,5 km/h. Les petits dinosaures bipèdes, tels les deinonychosaures, étaient plus rapides. Certains devaient atteindre les 40 km/h ; la vitesse d'un cheval au galop. Mais parmi ces derniers, *Sinornithosaurus*, illustré ici, devait être une exception. Ce petit dinosaure arboricole devait être ralenti par les longues plumes de ses pattes.

❺ ANALYSES EXPERTES

La position des empreintes des pieds droit et gauche l'un par rapport à l'autre indique si un dinosaure marchait ou courait. En mesurant l'espace entre les empreintes, c'est-à-dire la longueur du pas, et en tenant compte de la taille des pattes de l'animal qu'ils soupçonnent de les avoir laissées, les chercheurs peuvent estimer la vitesse de son déplacement. Car, comme on le voit ci-dessous, les traces de grands théropodes comme les tyrannosaures montrent un net allongement du pas lorsqu'ils se mettaient à courir.

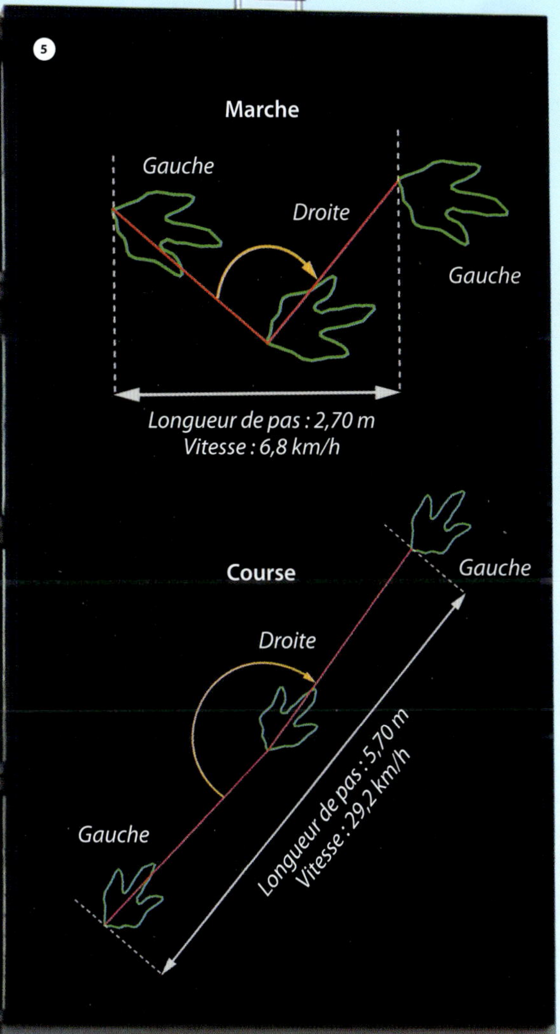

Des reptiles revenus à la mer

Les reptiles marins qui dominèrent les océans de l'ère Mésozoïque ont tous pour ancêtres les premiers vertébrés, qui étaient des poissons vivant dans le même milieu qu'eux. Mais ils n'en sont pas issus en droite ligne ; leur histoire évolutive est un peu plus tortueuse. En fait, parmi les poissons primitifs, certains développèrent des membres à partir de leurs nageoires ainsi que des poumons pour partir à la conquête de la terre ferme. Au cours d'une lente évolution, ces animaux devenus terrestres donnèrent naissance, entre autres, aux reptiles. Parmi ces derniers, certains groupes très distincts entreprirent par la suite de revenir vers l'océan. Ce sont notamment les plésiosaures, les ichtyosaures, les nothosaures et les mosasaures, aujourd'hui éteints, ainsi que les tortues, seules à avoir survécu jusqu'à nos jours.

❶ *ACANTHOSTEGA*
Acanthostega figurait parmi les premiers tétrapodes, des vertébrés ayant développé de véritables membres à partir des nageoires de leurs ancêtres poissons. Il mesurait 1 m de long et vécut il y a 365 millions d'année. Encore essentiellement aquatiques, ces premiers tétrapodes se servaient de leur queue comprimée latéralement pour nager. Plus tard, leurs descendants développèrent des membres assez robustes pour pouvoir marcher sur la terre ferme.

❷ *PLIOPLATECARPUS*
À la fin de l'âge des dinosaures, les grands mosasaures comme *Plioplatecarpus* comptaient parmi les plus redoutables prédateurs des océans. Descendants de lézards terrestres, ils s'étaient bien réadaptés à la vie marine : ils nageaient vite, ne pouvaient revenir à terre, mais étaient contraints de remonter à la surface pour respirer.

❸ *ARCHELON*
Cette tortue géante de la fin du Crétacé atteignait 4 m de long : deux fois la taille des plus grosses tortues marines actuelles. Elle se propulsait dans l'eau à l'aide de ses quatre pattes modifiées en nageoires, mais elle devait revenir sur la terre ferme pour pondre ses œufs, comme le font encore les tortues aujourd'hui.

❹ ELASMOSAURUS

Les grands plésiosaures comme *Elasmosaurus* étaient très répandus dans les océans du Jurassique et du Crétacé. C'étaient des prédateurs mais, avec leur corps aux formes graciles, leur long cou et leur petite tête, il ne pouvaient s'attaquer qu'à des petites proies comme les poissons et étaient eux-mêmes les proies de prédateurs plus puissants.

❺ TEMNODONTOSAURUS

Temnodontosaurus, avec ses 12 m de long, faisait partie des ichtyosaures, un groupe totalement affranchi de la vie terrestre. Ils donnaient naissance à leurs petits vivants en pleine mer, mais devaient quand même revenir à la surface pour respirer. Avec leur corps évoquant celui des dauphins, c'étaient de rapides chasseurs de poissons et de calmars.

❻ NOTHOSAURUS

Les nothosaures, dont faisait partie *Nothosaurus*, étaient des reptiles revenus à la mer dès le Trias. Ces chasseurs de poissons étaient de bons nageurs, avec un corps hydrodynamique et des membres palmés, mais certains avaient encore des griffes. Incomplètement adaptés à la vie marine, ils devaient revenir à terre pour se reposer et se reproduire.

❼ KRONOSAURUS

Outre les formes à long cou comme *Elasmosaurus*, les plésiosaures comptaient aussi des formes à cou court appelées pliosaures, dont faisait partie *Kronosaurus*, à la fin du Crétacé. Ce prédateur atteignait 9 m de long et était l'un des plus gros reptiles marins. Son crâne massif atteignait 3 m de long.

Ichthyosaurus

Au premier abord, *Ichthyosaurus* ressemble à un dauphin. Ce n'était pourtant pas un mammifère mais bien un reptile marin, typique des ichtyosaures de l'ère Mésozoïque, et descendant de reptiles terrestres. *Ichthyosaurus* avait la queue et le corps musculeux et hydrodynamique des chasseurs rapides. Utilisant ses grands yeux pour détecter les proies, il se précipitait comme une torpille dans les bancs de poissons, saisissant ses victimes au passage au moment où le banc se dispersait. Son long bec pointu était garni de rangées de dents acérées, et des contenus fossilisés de son estomac ont révélé un régime alimentaire composé de poissons, de calmar et autres mollusques.

Fossiles d'un adulte et d'un jeune ichthyosaures du genre *Stenopterygius*

▼ UN REPTILE MARIN

Ichthyosaurus chassait dans les mers peu profondes d'Europe au début du Jurassique, il y a quelque 195 millions d'années. Il mesurait 2 m de long. Ses narines étaient placées à la base du bec, non loin des yeux, et il était obligé de refaire surface entre deux plongées pour venir respirer.

TAILLÉS POUR LA NAGE ▶

Les restes fossilisés montrent que les ichtyosaures avaient une ceinture scapulaire puissante à laquelle se rattachaient des membres transformés en nageoires. L'extrémité de leur colonne vertébrale s'incurvait vers le bas pour supporter le grand lobe inférieur de la queue. Celle-ci était verticale et battait latéralement pour assurer la propulsion, comme celle des poissons.

◀ UNE REPRODUCTION AQUATIQUE

De tous les reptiles marins, les ichtyosaures étaient les plus totalement adaptés à la vie aquatique. Contrairement aux reptiles terrestres, dont la majorité sont ovipares, ils étaient devenus vivipares, c'est-à-dire qu'ils ne pondaient plus d'œufs mais donnaient naissance à des jeunes bien vivants. Les petits se développaient dans le corps de la mère et la mise bas se faisait dans l'eau, qu'ils ne pouvaient plus quitter. De nos jours, les cétacés et certains requins font de même.

DE GROS YEUX ▶

Le crâne des ichtyosaures présentait de très grandes orbites oculaires, entourées par un anneau osseux. L'ensemble constituait le support de leurs énormes globes oculaires, qui leur permettaient de détecter leurs proies même dans les eaux mal éclairées, comme les eaux boueuses ou profondes.

Les adeptes du vol

La conquête de l'air par les êtres vivants a commencé il y a plus de 300 millions d'années avec les insectes qui furent les premiers, et les seuls au Paléozoïque, à développer des ailes et à maîtriser le vol. Au Mésozoïque, ils furent suivis par les reptiles volants, puis par les oiseaux. Les mammifères, avec les chauves-souris, furent les derniers, durant le Cénozoïque, à les imiter. Voler permettait à tous ces animaux non seulement d'échapper à leurs prédateurs terrestres, mais également d'être plus efficaces dans leur quête de nourriture, de partenaires sexuels et d'abris en leur offrant la possibilité de couvrir de plus vastes surfaces. Les animaux volants pouvaient se répandre plus largement en franchissant les étendues marines pour rejoindre des terres lointaines et effectuer des migrations entre les meilleures zones de nourrissage et les meilleurs terrains de reproduction.

◀ UNE CHAUVE-SOURIS DES PREMIERS TEMPS
Les chauves-souris sont les seuls mammifères capables de vol battu. Leurs ailes sont formées par une fine membrane de peau tendue entre les membres postérieurs, les côtés du corps, les bras et leurs doigts surdimensionnés. *Icaronycteris* (ci-contre) est une chauve-souris ancienne qui volait il y a 52 millions d'années, soit plus de 10 millions d'années après la disparition des dinosaures.

UN OISEAU VÉRITABLE ▼
Iberomesornis était un oiseau insectivore entièrement couvert de plumes, de la taille d'un moineau, qui vivait au Crétacé il y a environ 120 millions d'années. Contrairement à *Archaeopteryx* et aux autres oiseaux primitifs de la fin du Jurassique, *Iberomesornis* possédait une ossature des ailes bien développée et un profond bréchet, l'os du sternum sur lequel venaient s'attacher des muscles du vol puissants capables de maintenir un vol battu. Les griffes incurvées de ses pattes suggèrent qu'il pouvait se percher sur les branches comme les oiseaux actuels.

▼ LES LIBELLULES : DES INSECTES PIONNIERS
Les insectes conquirent les airs au Carbonifère, durant l'ère Paléozoïque, il y a – 359 à – 299 millions d'années. Les libellules comptent parmi les groupes les plus anciens et les plus prospères puisqu'elles existent encore aujourd'hui. Ce sont des prédateurs rapides, capables de voler dans toutes les directions — même en arrière — au-dessus des rivières et des étangs dans lesquels elles se reproduisent. Cette grosse *Libellulium* vivait au Jurassique ; elle avait une envergure de 14 cm.

▼ *EUDIMORPHODON*

Les ptérosaures, ou reptiles volants, furent le premier groupe de vertébrés à maîtriser le vol ; un groupe qui devait se diversifier fortement au cours du Mésozoïque. Leurs ailes étaient constituées d'une membrane (voir p. 75) tendue entre le corps et les membres postérieurs et antérieurs. À l'avant, elles étaient soutenues par les os des bras et du quatrième doigt très allongé (voir p. 99) ; une structure voisine de celle des chauves-souris. *Eudimorphodon*, qui vécut à la fin du Trias, était l'un des premiers ptérosaures à prendre les airs.

▼ LES BLATTES, INSECTES PRIMITIFS

Archimylacris était une blatte primitive. Son ordre, celui des blattoptères, fait partie des insectes les plus anciens sur la Terre et parmi les premiers à avoir volé. *Archimylacris* vivait dans les forêts marécageuses du Carbonifère, il y a environ 300 millions d'années. Elle avait deux paires d'ailes qui se repliaient sur le corps au repos, la paire antérieure, plus robuste, recouvrant la paire postérieure plus délicate. Toujours présentes de nos jours, les blattes ont peu évolué depuis ces temps très anciens.

Pterodactylus

Tandis que les dinosaures parcouraient la terre ferme, les ptérosaures avaient pris possession du ciel. Certains avaient une envergure immense, de la taille d'un petit avion. *Pterodactylus*, quant à lui, était plus proche de celle d'un héron. Lorsque le premier fossile de ce ptérosaure fut découvert, en 1784, il fut d'abord considéré comme un animal marin pourvu de nageoires, ou comme un mammifère volant. C'est le Français Georges Cuvier qui, en 1800, l'identifia correctement comme un reptile volant. Depuis, de nombreux squelettes complets de ptérodactyles ont été découverts, la plupart dans les calcaires de Solnhofen, dans le sud de l'Allemagne, qui datent de la fin du Jurassique. De ce fait, *Pterodactylus* est le mieux connu de tous les ptérosaures.

LE VOL DU PTÉRODACTYLE ▶

Pterodactylus vivait sur les littoraux, survolant les eaux côtières pour y capturer des petits poissons. La façon dont il décollait, volait, atterrissait et se déplaçait à terre, fait encore débat parmi les spécialistes. Certains ptérosaures avaient une queue qui pouvait jouer un rôle de gouvernail, mais d'autres n'en avaient pas. La plupart avaient une crête osseuse sur la tête, qui a peut-être pu jouer un rôle stabilisateur durant le vol, à moins qu'elle ait servi uniquement comme signal visuel lors des parades nuptiales.

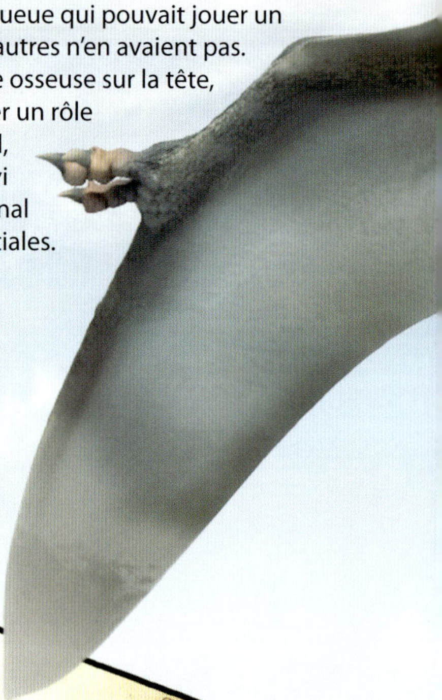

▼ L'EXEMPLE DES PÉLICANS

Certains grands oiseaux piscivores actuels nous indiquent comment *Pterodactylus* pouvait pêcher. Planant dans les airs sur leurs longues ailes, les pélicans peuvent parcourir plus de 100 km par jour à la recherche de poissons essentiellement, mais aussi d'autres proies telles que crustacés ou petites tortues. Certaines espèces les capturent en plongeant depuis les airs, d'autres en nageant à la surface, solitaires ou en groupe, et les attrapent dans leur long bec. *Pterodactylus* occupait des milieux similaires à ceux des pélicans et avait un mode de vie sans doute assez proche du leur. On peut supposer qu'il utilisait des techniques proches pour se procurer sa nourriture.

Un long bec permet de capturer les poissons dans l'eau.

Pterodactylus *représenté en vol*

LA REPRÉSENTATION DU PASSÉ ▶

En 1830, les ptérosaures comme *Pterodactylus* étaient dépeints comme des reptiles volants aux allures de chauves-souris. On le voit sur cette aquarelle due au géologue anglais Henry De la Beche. Ce fut la toute première tentative de reconstitution d'une scène préhistorique à partir des connaissances de l'époque. Pour la réaliser, l'auteur s'était basé sur les fossiles jurassiques de la région du Dorset, en Angleterre, en particulier ceux mis au jour par la chercheuse de fossiles anglaise, Mary Anning.

◀ UNE MEMBRANE ALAIRE COMPLEXE

On a longtemps cru que les ptérosaures étaient des animaux au vol maladroit, mais les progrès dans la recherche battent en brèche cette idée. Certains fossiles ont préservé des empreintes des tissus de l'aile des ptérosaures. Leur étude à la lumière ultraviolette a permis aux chercheurs d'en savoir plus sur leur constitution. La membrane alaire était constituée de plusieurs fines couches superposées. L'une était occupée par des vaisseaux sanguins qui irriguaient la couche supérieure constituée de fibres musculaires orientées dans plusieurs directions. Grâce à celles-ci, les ptérosaures pouvaient modifier localement la forme de leurs ailes et contrôler leur vol avec précision. Une autre couche était composée de fibres appelées actinofibrilles, qui avaient pour rôle de rigidifier et renforcer la membrane. Cette dernière était donc assez robuste pour supporter les contraintes du vol, mais assez souple pour pouvoir se replier quand l'animal se posait.

▲ LES RENARDS VOLANTS

Les plus grandes chauves-souris actuelles sont les chauves-souris frugivores, aussi appelées renards volants. Leur taille est similaire à celle de *Pterodactylus* ainsi que leurs ailes, qui ont une structure très voisine, à cette différence près que la membrane est soutenue par quatre doigts au lieu d'un seul. Leur corps est recouvert de poils, comme l'était celui des ptérosaures.

▲ UN GRAND GROUPE

Pterodactylus était l'un des plus petits ptérosaures, mais il avait un cou plus long et une queue plus courte que les membres plus anciens de son groupe, ce qui le rendait plus agile en vol. C'est l'une des plus de 100 espèces de ptérosaures connues à ce jour. Les premières étaient apparues à la fin du Trias, probablement à partir des archosauriens, le groupe de reptiles qui donna aussi naissance aux dinosaures.

DES FOSSILES TYPIQUES ▶

Les squelettes complets de *Pterodactylus* présentent les caractères typiques des ptérosaures. Ailes étendues, l'animal avait une envergure maximale de 1,20 m, tandis qu'avec sa courte queue, son corps ne dépassait pas 30 cm. Ses longues mâchoires étaient garnies de dents pointues.

Le dinosaure et l'œuf

En tant que reptiles, tous les dinosaures commençaient leur vie dans un œuf qui était fécondé dans l'organisme de la mère. Lorsque l'œuf était pondu, il renfermait suffisamment d'éléments nutritifs pour que l'embryon y poursuive sa croissance jusqu'à son terme. Ensuite, l'œuf éclosait. Les dinosaures faisaient des nids sous la forme de monticules ou de dépressions creusées dans le sol. Ils y pondaient des couvées pouvant compter jusqu'à 40 œufs. Certains restaient à proximité pour les protéger et nourrir leurs petits. Les plus grosses espèces se contentaient peut-être de les recouvrir de végétation et de les laisser livrés à eux-mêmes.

▶ L'ŒUF ET L'EMBRYON
Bien que certains dinosaures fussent énormes, leurs œufs ne dépassaient jamais 60 cm de long. Au-delà, ils auraient eu une coquille trop épaisse pour que les petits puissent la briser au moment de l'éclosion. Cet œuf a été trouvé dans un nid fossilisé dans le désert de Gobi, en Mongolie. Long de 18 cm, il renferme l'embryon d'un *Oviraptor*. Les embryons fossilisés sont extrêmement fragiles et rares, mais leurs os minuscules aident les chercheurs à déterminer à quelle espèce ils appartiennent.

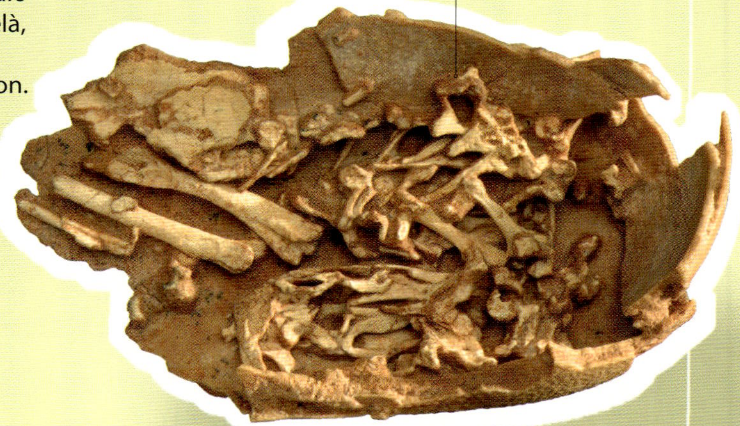

Embryon d'Oviraptor, de la fin du Crétacé

▲ DE L'EMBRYON AU GÉANT
Le minuscule embryon brisé d'un titanosaure du Crétacé a été préservé dans cet œuf fossilisé découvert en Argentine. Long d'environ 14 cm, il a été retrouvé parmi des milliers d'autres œufs de titanosaures sur le même site. Ces géants végétariens étaient des sauropodes qui, probablement, vivaient en troupeau et nichaient en colonie.

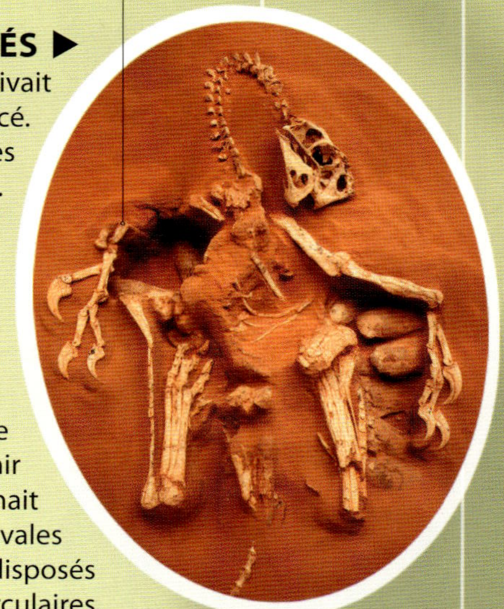

Les bras, qui étaient probablement garnis de plumes, sont écartés sur les œufs pour les protéger.

DES ŒUFS BIEN GARDÉS ▶
Comme *Oviraptor*, *Citipati* vivait en Mongolie à la fin du Crétacé. Il faisait partie du groupe des théropodes oviraptorosaures. Découvert en 1995, ce surprenant fossile montre, dans une position très « vivante », un *Citipati* adulte mort tandis qu'il protégeait ses œufs ; sans doute une femelle qui les couvait comme une poule pour les maintenir au chaud. La couvée contenait plus de 20 gros œufs ovales de 18 cm de long, disposés en couches circulaires.

LE NID DE *MAIASAURA* ▼
Sur le site d'Egg Mountain, dans le Montana, aux États-Unis, on a retrouvé de nombreux nids fossilisés contenant des œufs et des jeunes dinosaures. Certains œufs renferment encore les os des embryons. Ils appartenaient à *Maiasaura*, un hadrosaure dont le nom signifie « bonne mère lézard ». Sur ce site de la fin du Crétacé, de nombreuses femelles sont revenues souvent pour pondre. La présence de juvéniles au nid suggère que les adultes restaient à proximité pour s'occuper d'eux.

Maiasaura *adulte nourrissant un jeune et gardant les œufs au nid*

Ces œufs oblongs ont été pondus il y a 75 millions d'années.

◀ UNE COUVÉE DE DINOSAURES

Le nom *Oviraptor* signifie « voleur d'œufs ». Son origine est dû à la découverte de cette couvée dans le désert de Gobi, dans les années 1920. À ses côtés, figuraient les restes d'un petit dinosaure bipède dont on a cru qu'il était mort tandis qu'il essayait de voler ces œufs, alors attribués à un cératopsien. D'autres découvertes faites depuis ont révélé que ce nid était en fait celui du bipède qui était là pour monter la garde. Trop tard ! L'animal avait été baptisé *Oviraptor* et le nom lui est resté.

La régulation thermique

Les scientifiques pensaient jadis que les dinosaures étaient des animaux à sang froid, comme les reptiles actuels. Les reptiles, en effet, ont un organisme qui ne produit pas sa propre chaleur. Leur température interne varie en fonction de celle de l'extérieur. Lorsqu'il fait froid, leur corps est froid et leur activité est ralentie. Lorsque le soleil les réchauffe, ils redeviennent actifs. Mais l'étude des os des dinosaures a montré que la plupart avaient une croissance rapide et étaient des animaux très actifs, comme le sont les oiseaux et les mammifères, qui sont des animaux à sang chaud. Il est donc probable que leur métabolisme, c'est-à-dire l'ensemble des processus chimiques nécessaires pour maintenir leur organisme en vie, générait assez d'énergie pour garantir une température élevée et constante.

❶ LA GIGANTOTHERMIE

Les sauropodes comme ce *Saltasaurus* de 12 m de long, étaient si énormes que leur corps mettait beaucoup de temps à se refroidir. De ce fait, il est possible que leur température centrale soit restée élevée et n'ait pas varié avec celle de l'extérieur. Dans l'hypothèse où ils auraient eu le sang froid, le peu de chaleur que leur métabolisme produisait aurait alors été conservé par « gigantothermie » : une régulation thermique par le gigantisme, en quelque sorte.

La voile dorsale servait peut-être de régulateur thermique mais aussi comme signal visuel lors des parades ou des combats entre rivaux.

❷ UNE VOILE RADIANTE

Les théropodes étaient, d'une manière générale, des prédateurs très actifs. Parmi ceux-ci, les gigantesques spinosaures, du début du Crétacé, présentaient, sur le dos, de longues apophyses vertébrales qui soutenaient une membrane formant une sorte de voile. Cette membrane augmentait la surface de peau en contact avec le milieu extérieur et leur servait peut-être comme radiateur pour réguler leur température interne. Lorsqu'ils avaient trop chaud, le sang qui circulait dans les vaisseaux sanguins de la membrane libérait la chaleur en excès dans l'air extérieur. Lorsqu'ils voulaient se réchauffer, le phénomène inverse se produisait : en exposant leur membrane au soleil, le sang prélevait de la chaleur dans l'air et l'emportait dans l'organisme.

Sa taille énorme contribuait à retenir la chaleur dans son organisme, comme chez les éléphants et les grand requins actuels.

❸ UN DUVET ISOLANT

Réputé pour sa dentition et ses griffes redoutables, *Deinonychus* était un coureur rapide. Ne dépassant pas 3 m de long, ce prédateur était probablement contraint de maintenir une température interne élevée pour rester actif. C'était un deinonychosaure et à ce titre, il portait sans doute des plumes qui pouvaient jouer un rôle isolant et réduire les déperditions de chaleur de son organisme.

❹ UN DINOSAURE POLAIRE

Leaellynasaura était un petit ornithopode de 1 m de long du début du Crétacé retrouvé en Australie. Ce continent se trouvait alors près du cercle polaire, à des latitudes où les reptiles à sang froid ne survivent normalement pas. Même si, à cette époque, il n'existait pas de calottes de glace aux pôles, les nuits d'hiver étaient longues, sombres, et probablement bien froides. Pour survivre dans ces régions, l'organisme de *Leaellynasaura* devait donc, au moins dans une certaine mesure, produire sa propre chaleur et la réguler.

❺ UN GÉANT ANTARCTIQUE

Le plus grand théropode du début du Jurassique était aussi le plus grand dinosaure d'Antarctique, où il a été retrouvé. *Cryolophosaurus* atteignait 7 m de long, pesait plus de 460 kg et portait une étrange crête osseuse sur le dessus du crâne. Bien qu'il ne semblât présenter aucune adaptation particulière, il parvenait à survivre aux longs hivers sombres et froids du pôle Sud. On suppose donc que son organisme produisait sa propre chaleur.

Son corps était couvert d'un duvet isolant.

Cryolophosaurus *signifie « lézard du froid à crête ».*

Stegosaurus

Les stégosaures constituaient un groupe spectaculaire de dinosaures herbivores à l'aspect massif, dotés de deux rangées d'énormes plaques osseuses courant le long du dos, depuis la tête presque jusqu'au bout de la queue. Cette dernière était également armée de grosses pointes osseuses vers son extrémité. *Stegosaurus* était un représentant typique de ce groupe. Vivant à la fin du Jurassique en Amérique du Nord, il atteignait 10 m de long et pesait plus de 2 tonnes. Cet animal devait consommer d'énormes quantités de végétation.

❶ LES POINTES DE LA QUEUE

Deux paires de pointes osseuses atteignant 90 cm de long armaient la partie terminale de la queue. On suppose qu'elles avaient un rôle défensif ; elles devaient être redoutables lorsque *Stegosaurus* donnait des coups de queue pour se défendre contre un prédateur. Mais il se peut qu'elles aient fait aussi office de signaux visuels pour les parades ou les manœuvres de dissuasion.

❷ LES OS DE LA QUEUE

Près de la moitié de la longueur du corps de *Stegosaurus* était occupée par la queue. Celle-ci était probablement raide à la base, mais l'extrémité armée devait être assez flexible, et servait sans doute à fouetter les prédateurs.

❸ DES PLAQUES MYSTÉRIEUSES

Le caractère le plus frappant de *Stegosaurus* était la série de plaques osseuses attachées à son dos. Les scientifiques ont longuement débattu sur leur fonction : avaient-elles un rôle protecteur ou de signal visuel ? Intervenaient-elles dans la régulation de la température interne ? La fonction de signal visuel semble être la plus vraisemblable, pour impressionner les rivaux et attirer les partenaires sexuels.

❹ LES OS DU BASSIN

La structure osseuse du bassin de *Stegosaurus* était typiquement ornithischienne, avec l'os pubien pointant vers l'arrière. L'ossature était massive et fortement musclée pour assurer la connexion avec les puissants membres postérieurs et porter l'essentiel du poids considérable de l'animal.

❺ LES MEMBRES
Les membres postérieurs, robustes et très musclés, de ce quadrupède étaient beaucoup plus longs que les membres antérieurs, ce qui donnait à *Stegosaurus* une forme très arquée. Le cou et la tête étaient tenus plus bas que le sommet du bassin.

❻ LA CAGE THORACIQUE
La large cage thoracique était constituée d'environ 16 paires de robustes côtes attachées aux vertèbres, qui s'étendaient pour protéger les poumons, le cœur et d'autres organes. Elles offraient aussi un support à la masse des viscères (estomac, intestins), qui était considérable.

❼ UN COU RÉDUIT
Le cou plutôt court semblait suspendu à la ceinture scapulaire. Il portait les premières plaques dorsales et le petit crâne, qui ne se trouvait probablement pas à plus de un mètre au-dessus du sol. Les plaques du cou étaient parcourues de vaisseaux sanguins. Elles jouaient donc peut-être un rôle dans la régulation thermique de l'organisme.

❽ UN CRÂNE MINUSCULE
Le crâne était long, étroit et très petit proportionnellement au reste du corps. Les longues mâchoires portaient un bec non denté qui coupait la végétation basse, et de petites dents jugales triangulaires qui la mastiquaient. À l'arrière du crâne, la boîte crânienne, qui abritait l'encéphale, n'était pas plus grosse qu'une noix.

❾ LES PIEDS
Malgré son poids considérable, *Stegosaurus* avait des pieds constitués de telle sorte qu'il marchait sur ses doigts, assistés par un coussinet de soutien situé derrière ceux-ci. Les membres antérieurs avait trois doigts, les postérieurs, cinq, dont les deux internes portaient une sorte de sabot émoussé.

INSTINCTS DE TUEUR
Tyrannosaurus rex fut l'un des plus grands carnivores que la Terre ait jamais porté et la puissance de ses mâchoires était gigantesque. On ignore s'il utilisait son odorat très fin pour pratiquer une chasse active ou rechercher des charognes.

Sens et comportement

Les sens des dinosaures

Pour survivre, les êtres vivants doivent pouvoir détecter ce qui se passe dans leur environnement. Les dinosaures ne faisaient pas exception. Qu'ils fussent herbivores sous la menace constante des carnivores, ou prédateurs à la recherche de leur prochain repas, ils avaient besoin de sens bien développés. Les ossements fossilisés de leurs orbites oculaires, de leurs oreilles internes et de leurs conduits nasaux comportent des indices sur la manière dont les dinosaures voyaient et entendaient ce qui se passait autour d'eux, et celle dont ils percevaient les odeurs. Ces données, rapprochées de celles fournies par l'étude des moulages de boîtes crâniennes (voir p. 62-63), montrent des différences significatives selon les espèces dans le développement de ces différents sens.

❶ L'ODORAT

Un odorat très sensible est particulièrement important pour certains prédateurs, en particulier s'ils ne peuvent compter sur leur vue pour détecter leur proie, soit parce que leur vision est faible, soit parce qu'il n'y a pas assez de lumière, soit encore parce que leur proie est dissimulée ou trop distante. Les moulages de boîte crânienne de théropodes tyrannosauridés ou deinonychosauriens, comme cet *Utahraptor*, présentent des bulbes olfactifs très volumineux. Ils montrent que les informations fournies par l'odorat étaient pour eux capitales.

Un odorat très développé aidait Utahraptor*, le plus grand des deinonychosaures, à trouver ses proies.*

La crête creuse de Lambeosaurus *lui permettait sans doute de produire des sons trompétants.*

Structure de l'oreille interne adaptée à l'audition des sons résonnants émis par les congénères

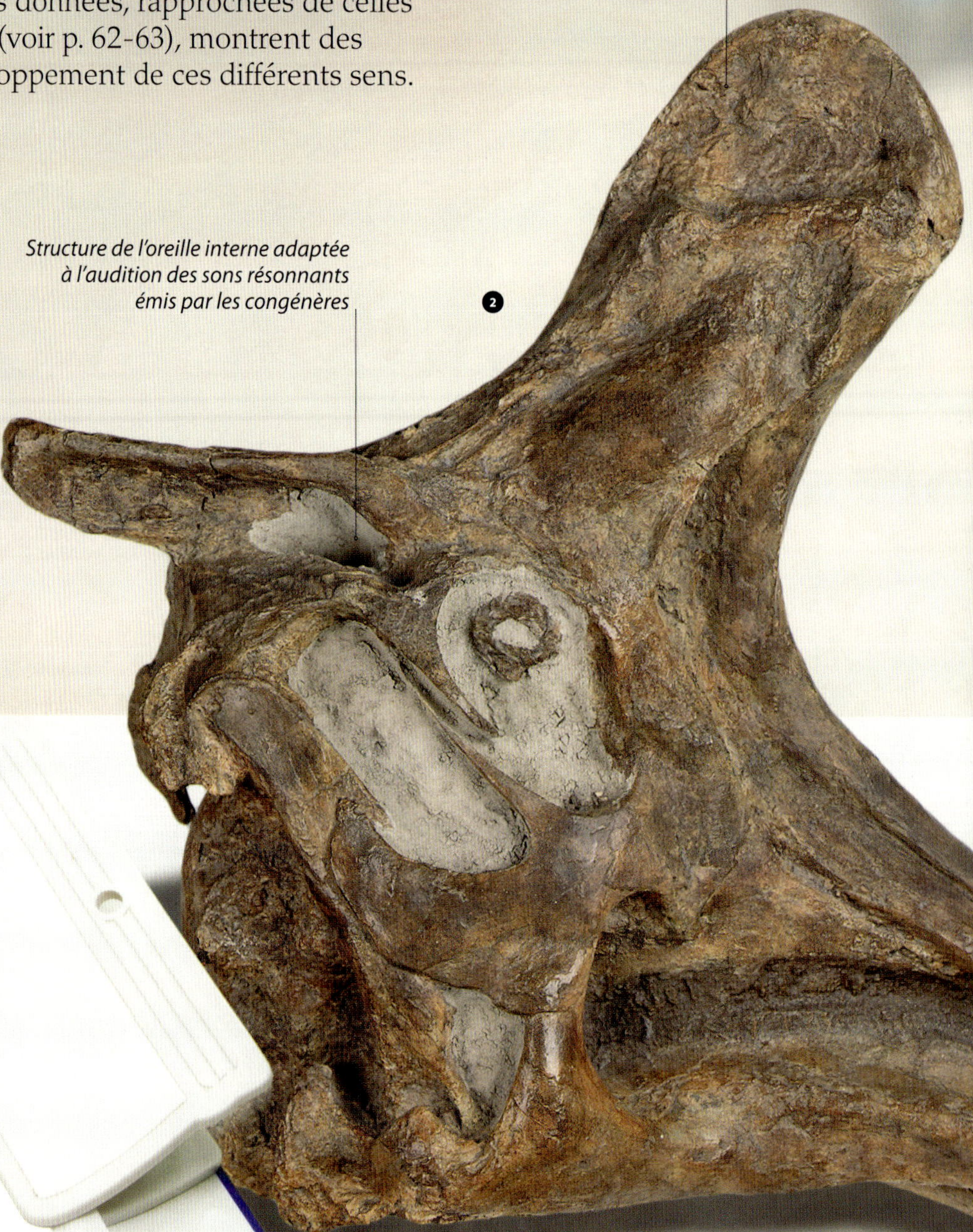

❷ L'OUÏE

Pour un animal, l'oreille a besoin d'être sensible aux cris utilisés par son espèce pour communiquer, notamment aux signaux avertissant de l'approche d'un danger. Des études par tomodensitométrie (voir p. 39) de crânes d'hadrosaures — les dinosaures à crête — montrent que la structure osseuse de leur oreille interne leur procurait une bonne audition, notamment des sons graves et résonnants. Or, on pense que la crête creuse des hadrosaures pouvait leur servir pour produire des sons de ce type. De nos jours, les éléphants utilisent des grondements graves et infrasoniques pour communiquer entre eux à longue distance. Ils nous donnent une idée de ce qu'était peut-être la communication chez les hadrosaures.

Les yeux regardant vers l'avant de Carnotaurus *lui offraient une vision en relief.*

❸ LA VUE

Les yeux de la plupart des dinosaures étaient situés de chaque côté du crâne, leur offrant une vue latérale de leur environnement. La zone de superposition du champ de vision de l'œil droit et de l'œil gauche étant très petite ou inexistante, ces dinosaures étaient incapables de voir en relief (3D) et donc d'estimer la proximité des objets. Chez bon nombre de théropodes, en revanche, les yeux étaient tournés vers l'avant et leurs champs se superposaient, ce qui leur offrait une bonne vision tridimensionnelle et leur permettait de juger précisément la distance qui les séparait de leurs proies. *Carnotaurus* était un de ces grands théropodes et bien que ses yeux fussent petits, leur disposition dans le crâne lui offraient cette vision tridimensionnelle de prédateur.

❹ DES YEUX EXTRA-LARGES

Plus un œil est grand, plus il collecte de lumière dans son environnement et mieux il permet de voir lorsque la luminosité est faible. Toutefois, de grands yeux nécessitent de grandes orbites pour les loger dans le crâne. Chez certains dinosaures, comme le petit cératopsien *Protoceratops*, un anneau osseux appelé anneau sclérotique disposé autour de l'œil, apportait un surcroît de soutien et de protection aux grands globes oculaires.

Grands globes oculaires soutenus par un anneau sclérotique

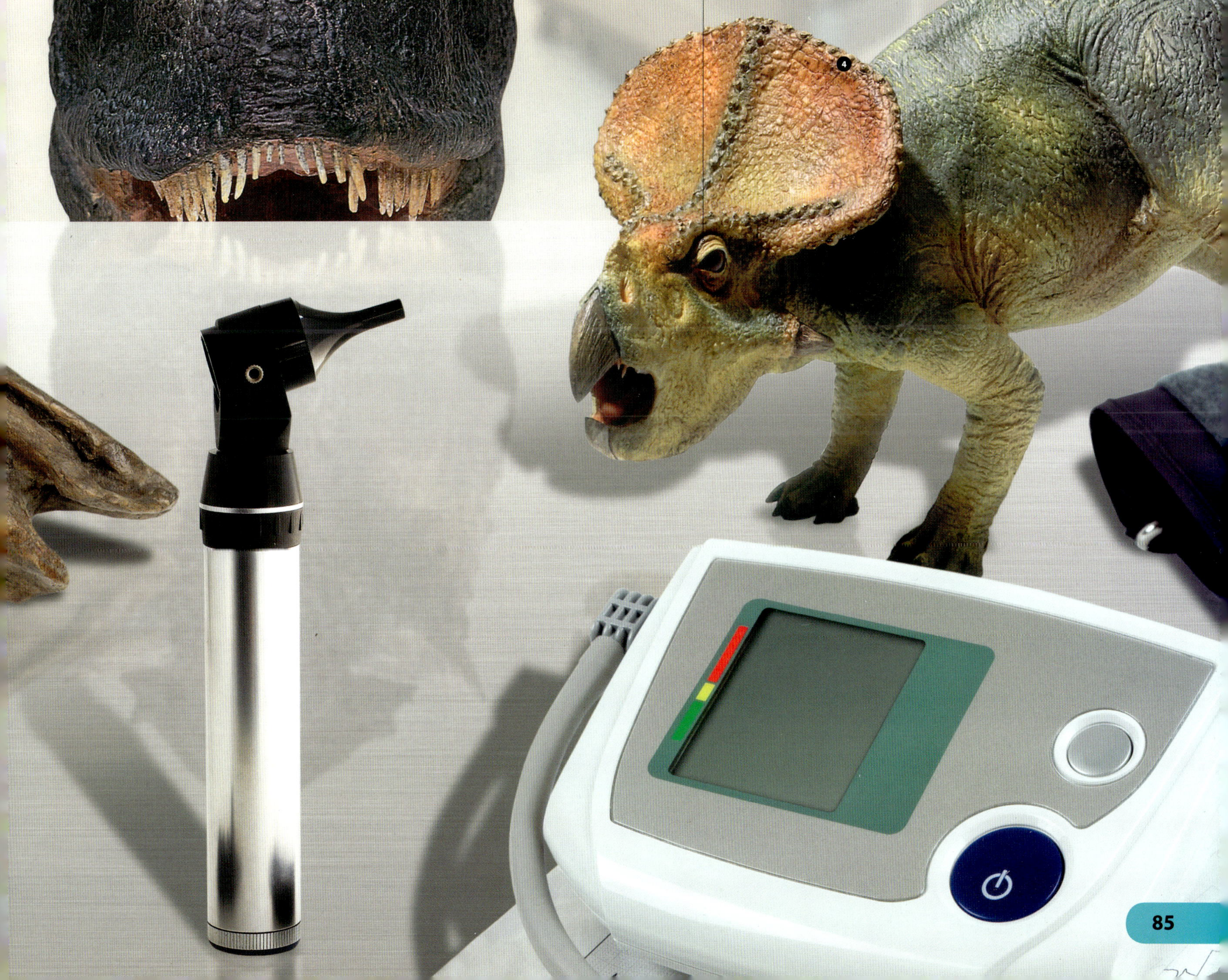

Communication et parade chez les dinosaures

Les animaux interagissent de bien des manières et pour bien des raisons. Les espèces grégaires usent d'appels et de signaux visuels pour se maintenir en contact, assurer la cohésion du groupe, avertir les congénères de l'approche d'un danger. Au sein des groupes sociaux ou des espèces, naissent aussi des tensions, qu'il s'agisse d'altercations ponctuelles entre les individus ou de celles qui apparaissent entre les mâles pour la possession des femelles ou d'un territoire. Même les mâles solitaires, qui vivent en marge des groupes sociaux, cherchent à attirer des partenaires sexuels et à repousser les mâles rivaux à travers l'intimidation ou le combat. Le succès ne dépend pas seulement de la force physique, car les altercations violentes conduisent parfois à des blessures mortelles, ce qui va à l'encontre de la survie de l'espèce. La dissuasion joue donc un rôle important : avoir des cornes un peu plus grandes ou une crête un peu plus flamboyante peut être déterminant. La vie des dinosaures était régie par les mêmes lois naturelles que les animaux actuels et ils ont nécessairement connu des situations similaires.

▼ *EINIOSAURUS*

Les cératopsiens comme *Einiosaurus* portaient des collerettes complexes, qui ont pu avoir une fonction protectrice du cou contre les dents et les griffes des prédateurs. Mais leur structure osseuse n'était pas particulièrement robuste et il est donc plus probable qu'elles jouaient le rôle de signaux visuels pour attirer les femelles et dissuader les mâles rivaux.

▲ *PARASAUROLOPHUS*

On sait peu de choses des cris des dinosaures, mais *Parasaurolophus* et certains autres hadrosaures possédaient sur le crâne des structures osseuses comme de longues crêtes tubulaires. Il est possible que celles-ci aient fait office d'instrument à vent, pour produire des vibrations sonores graves ou trompétantes, lorsqu'ils expulsaient en force de l'air à travers.

◀ CORYTHOSAURUS

Ce grand hadrosaure portait sur le crâne une crête osseuse arrondie qui était creuse et qui a pu lui servir à produire de puissantes vibrations sonores. Les éléphants actuels émettent des grondements très graves, dont certains sont des infrasons inaudibles à l'oreille humaine et qui franchissent des distances considérables, même à travers les milieux boisés.
Des appels similaires pouvaient servir à un troupeau d'hadrosaures pour maintenir le contact entre ses membres, notamment lorsque ceux-ci étaient dispersés sans contact visuel entre eux.

◀ CAUDIPTERYX

Caudipteryx était incapable de voler mais portait de longues plumes sur les bras et la queue. Celles-ci jouaient peut-être le rôle de signaux visuels pour les parades. On peut en effet supposer que, comme chez les oiseaux actuels, les mâles attiraient les femelles par leurs couleurs vives, tandis que ces dernières se camouflaient par le port de nuances plus ternes.

▲ PACHYCEPHALOSAURUS

Pachycephalosaurus portait sur le crâne un dôme osseux très épais. Les mâles rivaux s'en servaient peut-être lors de leurs affrontements pour se porter des coups de boutoir, tête contre tête, comme nos chèvres et moutons sauvages actuels. Toutefois, ce dinosaure avait un cou incurvé qui ne semble pas avoir été assez robuste pour supporter la force d'impacts violents. Peut-être ce dôme et le cercle d'excroissances osseuses à sa base servaient-ils aussi de signaux visuels.

Triceratops

Un animal comme celui-ci pâturant en troupeau dans les paysages de l'Amérique du Nord à la fin du Crétacé devait offrir un saisissant spectacle. Avec son crâne massif et sa silhouette trapue, cet herbivore quadrupède était bâti comme un rhinocéros géant. Lourd et lent dans ses mouvements, il devait apparaître comme une proie tentante pour les grands prédateurs. Mais avec ses deux longues cornes frontales et celle, plus courte mais tout aussi pointue, du bout de son nez, il était plutôt bien armé pour leur tenir tête. Pas étonnant que l'on ait baptisé ce dinosaure *Triceratops* : ce nom signifie « tête à trois cornes ».

◀ TROIS CORNES ET DEUX ESPÈCES

De nombreux spécimens fossilisés de *Triceratops* ont été découverts et beaucoup d'entre eux sont complets. Ils présentent, en outre, les différents stades de la croissance, de celui du jeune juste sorti de l'œuf jusqu'à l'adulte. Les chercheurs on cru jadis qu'il existait quinze espèces différentes de *Triceratops*, qu'ils distinguaient d'après les variations de la forme et de la taille des cornes. Ils admettent aujourd'hui qu'il s'agissait probablement de variations individuelles et n'en reconnaissent plus maintenant que deux espèces.

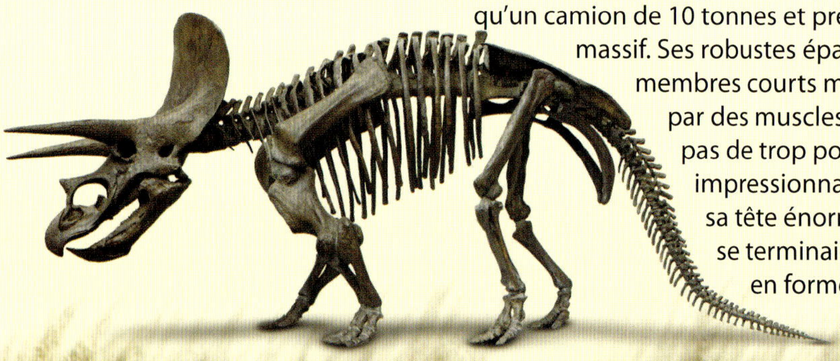

▼ UN ROBUSTE SQUELETTE

Atteignant 9 m de long, *Triceratops* était aussi lourd qu'un camion de 10 tonnes et présentait un squelette massif. Ses robustes épaules et ses quatre membres courts mais très forts, mus par des muscles puissants, n'étaient pas de trop pour soutenir sa masse impressionnante, notamment sa tête énorme. Ses pieds se terminaient par des os en forme de sabots.

▼ UNE ÉNORME COLLERETTE

Triceratops appartenait au groupe des dinosaures cératopsiens, littéralement les « têtes cornues ». Il présentait une large collerette osseuse en forme d'éventail, qui s'étendait depuis l'arrière du crâne et couvrait le cou. Bordée d'une impressionnante rangée de pointes et ornée de boutons osseux, elle servait probablement en partie de bouclier protecteur mais devait également être porteuse de signaux visuels chez les mâles pour l'attraction des femelles.

▶ *STYRACOSAURUS*

Styracosaurus était plus petit que *Triceratops*. Mais avec 1,80 m de long, la taille de son crâne restait impressionnante. Il portait une unique corne nasale mais un ensemble de six pointes, dont les plus longues atteignaient presque 60 cm, bordait sa collerette. Seuls les jeunes portaient des cornes frontales qui se résorbaient en grandissant.

▶ FACE À L'ENNEMI

Depuis son bec de perroquet, qui servait pour brouter, jusqu'au sommet de la collerette, le crâne de *Triceratops* atteignait 2 m de long. De tous les animaux terrestres, c'était un de ceux qui avaient le crâne le plus gros. Les deux cornes frontales, pointées vers l'avant, mesuraient 70 cm et pouvaient infliger de terribles blessures à ses prédateurs ou à des mâles rivaux.

Les herbivores

Les végétaux sont très abondants et forment la base de la plupart des chaînes alimentaires ; des chaînes où les animaux herbivores constituent le maillon suivant. Les herbivores sont les plus communs des animaux terrestres ; leur nombre dépasse de beaucoup celui des carnivores, qui sont leurs prédateurs. Mais les plantes sont difficiles à digérer et, pour éviter d'être mangées, certaines ont développé divers moyens de défense, tels que des piquants ou une sève toxique. Les herbivores ont donc toujours dû développer divers stratagèmes pour se procurer et digérer leur nourriture.
Les dinosaures ne faisaient pas exception à la règle, d'autant moins que, sur les plus de 1 000 espèces connues, 65 % étaient herbivores.

▼ *PLATEOSAURUS*

Les premiers dinosaures, tels les prosauropodes, étaient de petite taille. Avec le temps, toutefois, un groupe de prosauropodes, essentiellement herbivores, produisit des animaux plus grands et plus lourds. *Plateosaurus* était de ceux-ci. Il atteignait environ 8 m de long. Dressé sur ses puissantes pattes postérieures, il pouvait, en étendant son long cou, atteindre d'assez hautes branches pour brouter tiges et feuillages.

▶ *HUAYANGOSAURUS*

Avec seulement 4,5 m de long, *Huayangosaurus* était un « petit » stégosaure primitif de Chine. Il avait le museau plus court et plus large que les stégosaures qui vinrent après lui, et des dents sur le devant de la mâchoire supérieure au lieu d'un bec corné. La technique de collecte des végétaux des stégosaures a donc dû évoluer, passant d'un raclage du feuillage avec les dents au sectionnement des tiges avec un bec sans dents.

▼ ***BRACHIOSAURUS***

Ce dinosaure faisait partie des sauropodes, les plus grands animaux qui aient jamais vécu sur la terre ferme. Il était incapable de se dresser sur ses pattes postérieures, contrairement à ce que l'on a pu voir au cinéma. Seul son long cou lui permettait donc d'atteindre les hautes branches à environ 13 m de haut (plus du double de la hauteur d'une girafe). Il raclait les tiges pour en récupérer le feuillage, se servant pour cela de ses petites dents en forme de cuillères.

▼ ***IGUANODON***

Ce dinosaure fut le premier herbivore à être découvert en 1822. De la taille d'un éléphant, il marchait le plus souvent sur ses quatre membres et se nourrissait de plantes basses, mais il pouvait aussi adopter une posture dressée sur ses membres postérieurs. Son nom signifie « dents d'iguane » car ses dents en forme de feuilles étaient similaires à celles des iguanes actuels… mais 20 fois plus grosses !

◀ ***PENTACERATOPS***

Ce grand cératopsien atteignait 7 m de long et possédait l'un des plus gros crânes de tous les animaux terrestres connus. Sous la collerette et les cornes spectaculaires, le crâne allait en se rétrécissant vers un museau en forme de bec de perroquet. Celui-ci servait à brouter les plantes coriaces, qui étaient ensuite mastiquées par une série de dents jugales avant d'être avalées.

Edmontosaurus

Edmontosaurus était un hadrosaure — un dinosaure à bec de canard — qui vivait dans les plaines côtières occidentales d'Amérique du Nord à la fin du Crétacé. Avec ses quelque 13 mètres de long, cet impressionnant herbivore était une sorte d'équivalent dinosaurien de nos bovins actuels, qui passait sa vie à engloutir d'énormes quantités de végétaux. En dépit de son énorme taille, il existe des indices démontrant qu'*Edmontosaurus* était la proie des théropodes tyrannosauridés.

❶ LE SQUELETTE
Chez les herbivores, le tube digestif était très développé et occupait beaucoup de volume, notamment l'estomac. Pour supporter sa masse importante, les os de la colonne vertébrale, du bassin et des pattes devaient donc être robustes, comme c'était le cas chez *Edmontosaurus*. Doté, en outre, d'une longue queue musculeuse et d'une grosse tête, l'animal pesait environ 4 tonnes.

❷ EN POSITION DEBOUT

Ordinairement, *Edmontosaurus* marchait sur ses quatre pattes. Toutefois, ses puissants membres postérieurs lui permettaient de se redresser en position bipède pour atteindre la végétation élevée. Sa lourde queue faisait alors office de balancier par rapport au corps pour l'empêcher de basculer.

❸ LA COMMUNICATION

Cet hadrosaure ne possédait pas de crête creuse faisant office d'instrument à vent sur le crâne, mais ses narines allongées se logaient dans de profondes dépressions. Il se peut qu'elles aient abrité des sacs aériens produisant des sons puissants lorsqu'ils étaient gonflés.

❹ UN CRÂNE À BEC DE CANARD

Le crâne d'*Edmontosaurus* s'élargissait vers l'avant en un large bec corné évoquant celui d'un canard. Celui-ci lui permettait d'engouffrer à chaque bouchée de grandes quantités d'aliments végétaux. Il les maintenait entre ses joues le temps de les mastiquer avec sa batterie de dents jugales.

❺ DES MAINS À QUATRE DOIGTS

Les membres antérieurs élancés étaient terminés par de longues mains fines. Elles portaient quatre doigts dont trois s'achevaient en sabots émoussés, mais pas de pouce.

❻ DES PIEDS À TROIS DOIGTS

Comme tous les hadrosaures, *Edmontosaurus* s'appuyait sur de puissants membres postérieurs. Les trois gros doigts de ses pieds, terminés par des sabots arrondis, supportaient l'essentiel du poids du corps.

Les carnivores

À l'instar des prédateurs actuels, les dinosaures carnivores chassaient et tuaient d'autres animaux pour se nourrir de leurs chairs, ou bien recherchaient des animaux déjà morts, se faisant alors charognards. La chair est un aliment à haute teneur en protéines et très énergétique. De ce fait, tout comme les carnivores actuels, ceux du Mésozoïque n'avaient pas besoin de manger autant que les herbivores. En contrepartie, la chasse leur demandait beaucoup de temps et d'énergie. Les proies pouvaient être agiles ou bien armées pour se défendre, et les prédateurs devaient être rapides, puissants et bien armés eux aussi. Et d'une façon générale, ils étaient beaucoup moins nombreux que leurs proies. Ainsi, au Crétacé, pour un tyrannosaure, on comptait quatre herbivores.

Compsognathus *avait de petites dents acérées pour mordre et déchirer les chairs.*

Comme la plupart des carnivores, Compsognathus *devait se comporter en charognard chaque fois qu'il tombait sur la carcasse d'un animal tué par un autre prédateur.*

◀ COMPSOGNATHUS

Compsognathus était un petit théropode de la fin du Jurassique mesurant seulement 1 m de long. Carnivore très actif, il portait probablement, sur le corps une couche de plumes duveteuses isolantes. Charognard à l'occasion, il chassait les petits vertébrés tels que les lézards, les mammifères — qui étaient alors de petite taille— et les bébés dinosaures ; des proies qu'il pouvait attraper entre ses bras fins mais robustes. Ses mains portaient trois doigts puissants.

Les dents de Spinosaurus *étaient droites et coniques, adaptées à la capture de proies glissantes comme les poissons.*

◀ SPINOSAURUS

Ce prédateur géant, le plus grand des théropodes, vivait sur les côtes d'Afrique du Nord au Crétacé. Il atteignait 16 m de long. Il avait un crâne de crocodile, étroit et allongé, et sa gueule était armée de dents droites de différentes longueurs. Sa dentition suggère que l'essentiel de son régime alimentaire était constitué de poissons, mais il se nourrissait probablement aussi de tout animal qu'il pouvait attraper, s'aidant pour cela de ses bras musculeux achevés par trois doigts griffus.

▲ *TARBOSAURUS*

Ce théropode géant d'Asie était un tyrannosauridé de la fin du Crétacé. Avec sa tête massive, ses mâchoires puissantes et ses dents acérées, il pouvait, d'une seule morsure, broyer des os et infliger des blessures mortelles. Il attaquait des sauropodes, des ankylosaures et des hadrosaures comme *Barsboldia*, illustré ici. En outre, il ne manquait certainement pas une occasion de jouer les charognards, profitant de la moindre carcasse tuée par d'autres prédateurs.

▲ COMBAT MORTEL

Le fossile d'une scène de prédation entre un théropode carnivore et un herbivore cératopsien a été découvert dans les années 1920 dans les couches du Crétacé de Mongolie. Il montre un *Velociraptor* menant une attaque mortelle contre un paisible *Protoceratops*. La victime enserrait fermement de son bec le bras de son agresseur lorsqu'ils furent tous deux étouffés et ensevelis par une soudaine tempête de sable.

CARNOTAURUS ▶

Le théropode d'Argentine *Carnotaurus* était un prédateur rapide de 9 m de long qui vivait au Crétacé. Il avait un cou puissant et une tête courte et profonde. Toutefois, sa mâchoire inférieure et les dents qu'elle portait était assez fines. Il est donc probable que *Carnotaurus* ait mis ses proies à bas par des séries de morsures rapides, ou qu'il ait été charognard.

Le bec, la gueule et la dent

Qu'il s'agisse de longues dents tranchantes et pointues comme des couteaux ou de rangées de courtes dents jugales servant à broyer les feuilles, les dents comptent parmi les fossiles les plus couramment retrouvés. Avec les maxillaires et les mandibules ainsi que les becs cornés, elles sont porteuses de nombreux indices sur le régime alimentaire des dinosaures et la manière dont ils acquéraient, saisissaient et, pour certains, mastiquaient leur nourriture avant de l'ingurgiter. Les herbivores devaient couper et broyer des végétaux, tandis que les carnivores taillaient rapidement des morceaux de chair qu'ils avalaient et digéraient le plus souvent sans les mastiquer.

❶ *BARYONYX*
Ce théropode piscivore avait un crâne évoquant celui d'un crocodile, avec 96 dents pointues garnissant ses longues mâchoires étroites et incurvées. Ses narines étaient placées haut sur le museau afin de lui permettre de respirer en gardant la gueule sous l'eau, et ses dents s'entrecroisaient pour assurer la prise des poissons.

❷ *PSITTACOSAURUS*
Le cératopsien *Psittacosaurus* avait un crâne court et profond se rétrécissant vers l'avant en un bec de perroquet. Il s'en servait pour arracher les feuilles des plantes, qu'il mastiquait ensuite à l'aide de ses dents jugales avant de les avaler.

❸ *TYRANNOSAURUS REX*
Armée de 58 longues dents acérées, la gueule énorme de *Tyrannosaurus* infligeait de puissantes morsures. Incurvées comme des cimeterres et dentelées comme des couteaux, ses dents pouvaient trancher la peau, les chairs et les os, et étaient sans cesse remplacées tout au long de la vie du dinosaure.

❹ *STEGOSAURUS*
À la place des dents de devant, *Stegosaurus* avait un bec corné servant à couper la végétation, qu'il réduisait ensuite en pulpe en la mastiquant grâce à ses petites dents jugales en forme de feuilles.

❺ *EDMONTOSAURUS*
Edmontosaurus avait un large bec de canard dépourvu de dents de devant. Le fond de sa bouche était garni, en revanche, d'une multitude de petites dents jugales, qui lui servaient à broyer les végétaux et étaient continuellement remplacées.

Dent de *Tyrannosaurus rex*

Dent de *Stegosaurus*

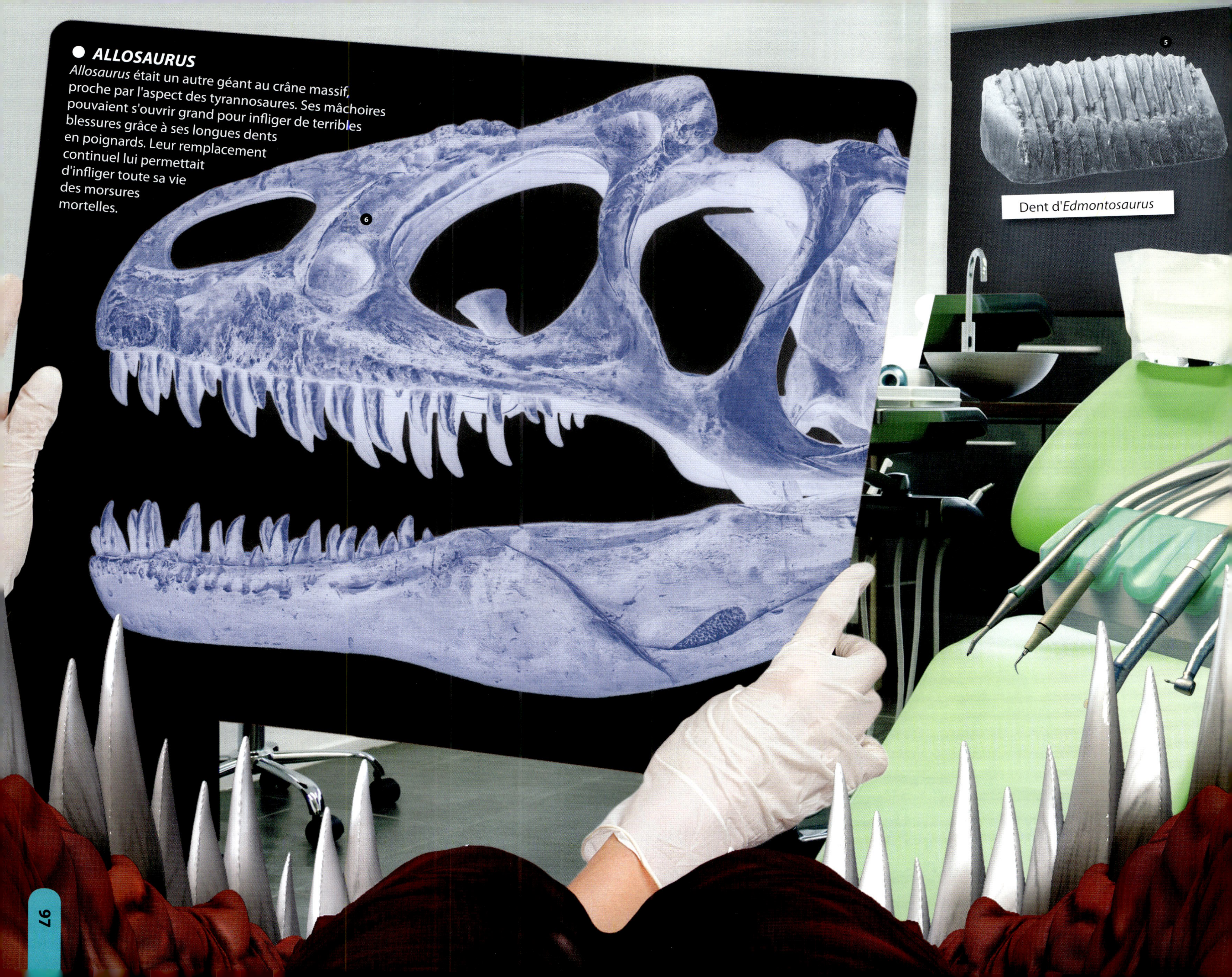

ALLOSAURUS

Allosaurus était un autre géant au crâne massif, proche par l'aspect des tyrannosaures. Ses mâchoires pouvaient s'ouvrir grand pour infliger de terribles blessures grâce à ses longues dents en poignards. Leur remplacement continuel lui permettait d'infliger toute sa vie des morsures mortelles.

Dent d'*Edmontosaurus*

Quetzalcoatlus

Les ptérosaures géants, tels *Quetzalcoatlus* et *Ornithocheirus*, étaient sans aucun doute les hôtes les plus spectaculaires du ciel du Crétacé. Avec une envergure d'environ 10 m — la taille d'un avion de chasse de la Seconde Guerre mondiale — ils sont les plus grands animaux qui aient jamais volé. Dépourvues de plumes, leurs ailes étaient composées d'une membrane à la structure interne complexe (voir p. 75) tendue entre les membres postérieurs, les côtés du corps et les membres antérieurs.

◀ UN LONG BEC
Quetzalcoatlus appartenait à un groupe de ptérosaures appelés azhdarchidés, qui avaient un cou très long, une grosse tête et un long bec dépourvu de dents. Le bec énorme de *Quetzalcoatlus* atteignait 2,50 m de long.

◀ QUETZALCOATLUS
Ce ptérosaure à long cou vivait à la fin du Crétacé en Amérique. Son nom est dérivé de celui du dieu serpent des Aztèques. Son envergure atteignait 12 m de long. En dépit de sa taille, son poids ne devait pas dépasser 250 kg grâce à un système de sacs aériens répandus dans ses os pour les alléger : il pesait moins lourd qu'une machine de taille similaire fabriquée par l'Homme. On pense qu'il chassait en poursuivant en vol des petits animaux au sol.

ORNITHOCHEIRUS ▶
Ornithocheirus était un autre ptérosaure géant du début du Crétacé, d'une envergure de 10 m. Comme *Quetzalcoatlus*, on ne le connaît que par des fragments fossilisés et la forme de son corps reste incertaine. Les reconstitutions de cet animal sont basées sur des fossiles d'un cousin d'Amérique du Sud, mieux connu mais plus petit, appelé *Anhanguera*.

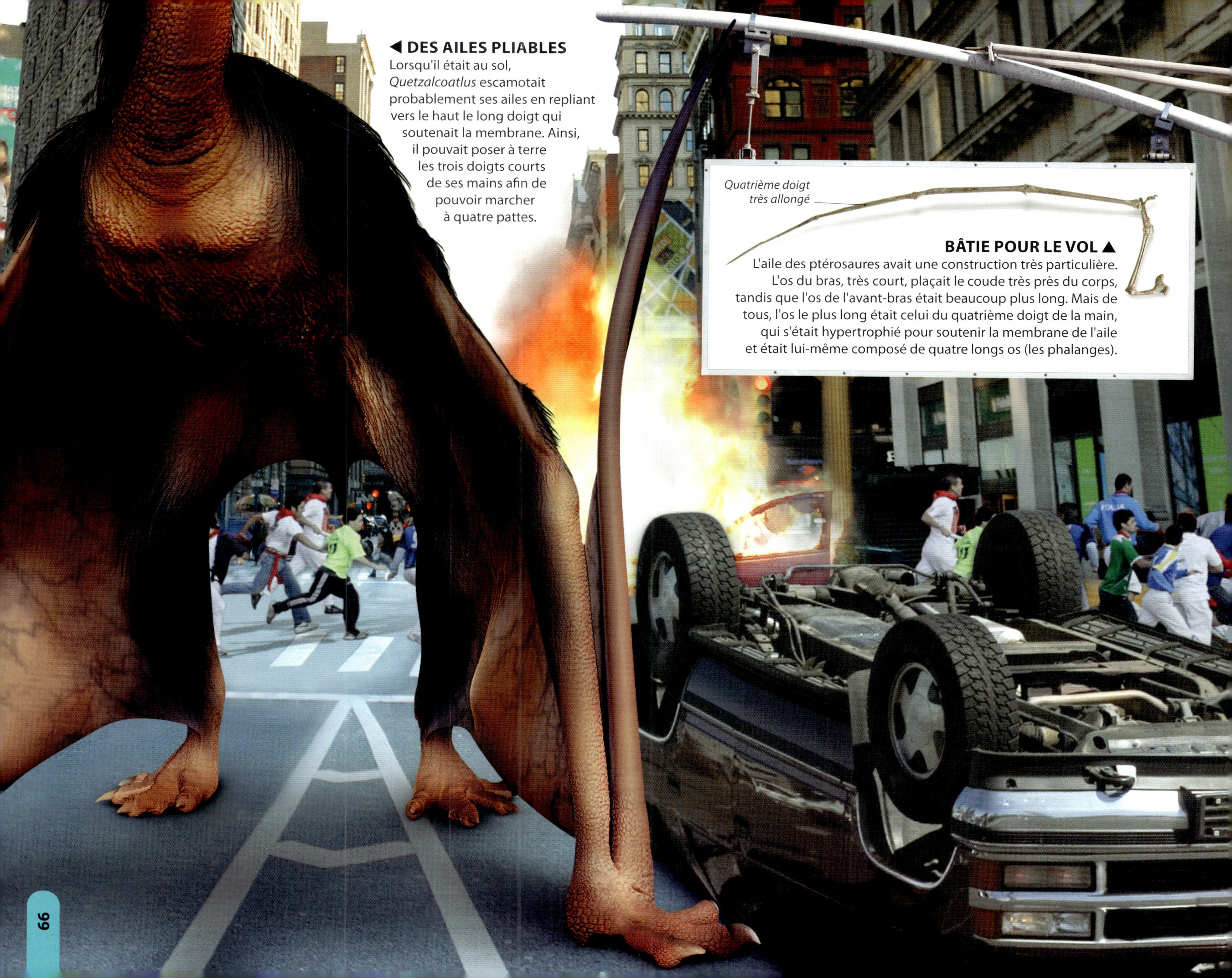

◀ DES AILES PLIABLES

Lorsqu'il était au sol, *Quetzalcoatlus* escamotait probablement ses ailes en repliant vers le haut le long doigt qui soutenait la membrane. Ainsi, il pouvait poser à terre les trois doigts courts de ses mains afin de pouvoir marcher à quatre pattes.

BÂTIE POUR LE VOL ▲

L'aile des ptérosaures avait une construction très particulière. L'os du bras, très court, plaçait le coude très près du corps, tandis que l'os de l'avant-bras était beaucoup plus long. Mais de tous, l'os le plus long était celui du quatrième doigt de la main, qui s'était hypertrophié pour soutenir la membrane de l'aile et était lui-même composé de quatre longs os (les phalanges).

Des armes offensives

La griffe et la dent furent les deux principales armes offensives développées il y a des centaines de millions d'années. Les dinosaures prédateurs en faisaient largement usage. Elles leurs servaient non seulement pour attaquer d'autres animaux dans le but de s'en nourrir, mais aussi dans les combats entre mâles rivaux. Associées à la puissance de la morsure, les dents intervenaient d'abord dans le processus d'immobilisation et de mise à mort de la proie, ensuite pour tailler ses chairs en pièces afin de les consommer. Les griffes, quant à elles, étaient utilisées pour saisir, éventrer et maintenir les carcasses tandis que les prédateurs s'en repaissaient. Certains herbivores aussi avaient des griffes, mais elles leur servaient essentiellement pour se défendre contre leurs ennemis.

◀ DES MAINS EN CISEAUX
Therizinosaurus était un théropode inhabituel. Il avait des bras de 2 m de long, qui se terminaient par trois doigts armés de terribles griffes mesurant près de 1 m. Malgré cela, l'animal n'était pas taillé pour être un grand prédateur. Il se nourrissait probablement essentiellement de végétaux, mais il attrapait peut-être aussi des lézards et autres petits animaux comme les mammifères.

UNE TERRIBLE GRIFFE AUX PIEDS ▶

Dromaeosaurus, *Deinonychus* et *Velociraptor* étaient petits mais dangereux. Ces bipèdes du groupe des théropodes faisaient partie des deinonychosaures, qui se distinguaient par leur rapidité à la course et par la présence d'une griffe surdimensionnée en forme de faucille sur le second doigt de leurs pieds. Cette griffe était relevée lorsqu'ils couraient, mais elle entrait en action dès qu'ils fondaient sur leurs proies pour les éventrer et porter des coups mortels.

▲ DE FORTES MAINS GRIFFUES

Les spinosaures, tel *Irritator*, que l'on voit ici, étaient de grands théropodes piscivores dotés de longues mâchoires et dents de crocodile. Ils étaient également armés de fortes griffes recourbées aux trois doigts des mains, qui leur servaient probablement à saisir des poissons dans l'eau ainsi que d'autres proies. Il ne fait aucun doute que ces griffes et ces dents redoutables étaient également utilisées dans les combats entre mâles pour la possession des femelles.

▲ DES DENTS POUR TRANCHER

Au cours de l'évolution, les dents des dinosaures carnivores ont développé différentes formes pour s'adapter à différents usages. Celles de forme conique et pointue servaient pour percer et saisir le corps d'une victime. Des dents recourbées vers l'arrière, en forme de lame à bord dentelé, étaient plus efficaces pour trancher. C'étaient des dents de ce second type qui garnissaient les puissantes mâchoires d'Allosaurus.

Tyrannosaurus rex

Tyrannosaurus rex est le plus célèbre de tous les dinosaures. Il est souvent considéré comme l'animal le plus féroce et le plus dangereux qui ait jamais vécu sur Terre. Nous savons pourtant aujourd'hui que des dinosaures carnivores encore plus grands que lui, tel *Spinosaurus* (voir p. 94), ont existé. Mais rien n'y fait ! Il a acquis auprès du grand public un statut de vedette auquel le cinéma américain n'est pas étranger, et chacun le connaît aujourd'hui sous son diminutif : son nom latin abrégé, *T. rex*, prononcé à l'anglaise. Il est vrai que l'animal est le mieux connu des dinosaures carnivores géants grâce à la découverte de nombreux squelettes fossilisés, dont certains sont presque complets. Il est vrai également qu'il reste l'un des plus puissants prédateurs de tous les temps.

La structure de ses mâchoires lui permettait d'exercer une énorme pression.

CHASSEUR OU CHAROGNARD ? ▶

Un débat anime depuis longtemps les scientifiques à propos des méthodes d'acquisition de la nourriture de *Tyrannosaurus rex* : était-il un chasseur actif ou un charognard ? Ses bras étaient trop petits pour saisir une proie et son odorat hautement développé était idéal pour détecter à distance la présence de carcasses d'animaux morts. En outre, la puissance phénoménale de ses mâchoires capables de briser les os lui permettait d'accéder à la moelle osseuse — souvent le seul élément vraiment nourricier subsistant sur des carcasses déjà dévorées —, comme semblent le prouver les fragments d'os trouvés dans ses excréments fossilisés. Tous ces arguments plaideraient plutôt en faveur de *T. rex* charognard. Mais l'animal présentait aussi des caractères typiques des chasseurs actifs. Il possédait notamment une vision binoculaire, dont les prédateurs ont besoin pour juger les distances. Par ailleurs, il était capable de se déplacer rapidement, ce qui est une caractéristique des animaux chasseurs. Certains de ses fossiles portent des traces de blessures probablement récoltées au cours de combats actifs contre des proies qui se défendaient ou des rivaux de son espèce. Au final, il existe des arguments en faveur des deux hypothèses et il est très probable que *T. rex* ait été un chasseur opportuniste capable de se faire charognard chaque fois que l'occasion se présentait.

▼ UN SUBTIL ÉQUILIBRE

Tyrannosaurus atteignait 12 m de long et pesait environ 5 tonnes. Sa queue musculeuse, tenue droite au-dessus du sol, mesurait à elle seule environ 5 m. Elle jouait le rôle de balancier, équilibrant le reste du corps dont le poids portait en avant des pattes, autour du point de pivot constitué par le bassin situé à 4 m au-dessus du sol.

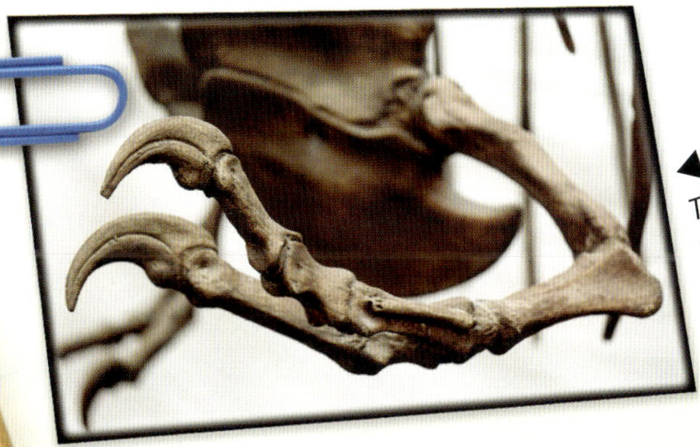

◀ DES DOIGTS GRIFFUS

Tyrannosaurus avait des bras inhabituellement courts, ne dépassant pas 1 m de long et dont les mains, équipées de deux doigts seulement, ne pouvaient atteindre sa gueule. Ils ne pouvaient donc lui être d'aucune utilité pour manger. Et pourtant, ces bras étaient plutôt musclés. Ils devaient donc bien avoir une fonction particulière, mais les scientifiques ne savent pas bien laquelle. Il est possible que l'animal s'en soit servi pour se redresser sur ses jambes lorsqu'il était couché au sol.

◀ COUREUR OU PAS ?

Un autre débat porte sur les capacités à la course de *T. rex*. Certains paléontologues affirment qu'il pouvait seulement soutenir une marche rapide, estimant sa vitesse maximale à 17 km/h. Selon les méthodes utilisées, d'autres avancent une vitesse de pointe située le plus souvent entre 20 et 40 km/h, jusqu'à 70 km/h pour les plus optimistes. Quoi qu'il en soit, les estimations les plus basses restent supérieures à la vitesse de fuite de ses proies principales, les cératopsiens et les hadrosaures. Elles sont donc suffisantes pour faire de *T. rex* un chasseur actif.

UN CRÂNE MASSIF ▶

Tyrannosaurus avait une énorme tête de 1,50 m de long. Son crâne était allégé par la présence de larges ouvertures, les fenêtres anté-orbitaires et post-orbitaires, qui réduisaient la masse osseuse et à travers lesquelles passaient de gros muscles. Ses mâchoires longues et épaisses développaient une énorme pression. Elles portaient 58 dents recourbées à bords dentelés, qui dépassaient de 15 cm de la gencive, et qui servaient à percer et trancher la peau, les chairs et les os. Le museau étroit dégageait l'espace devant les yeux afin d'offrir un large champ de vision binoculaire, permettant à l'animal de juger avec précision la distance le séparant de ses proies.

Des armes défensives

Les dinosaures herbivores avaient deux façons de se défendre contre les prédateurs carnivores : fuir ou faire face à l'ennemi. Les herbivores gros et lents ne pouvaient guère faire autrement que de rester et combattre pour leur vie et, au cours de l'évolution, ils ont développé toute une variété de moyens de défense. Certains, comme les cornes, les pointes de pouce ou les massues en bout de queue, étaient de véritables armes, offrant la possibilité d'être utilisées pour blesser l'adversaire. D'autres, constitués de piquants et de plaques osseuses, étaient des armures défensives.

La pointe de pouce d'Iguanodon était sa seule arme contre les prédateurs.

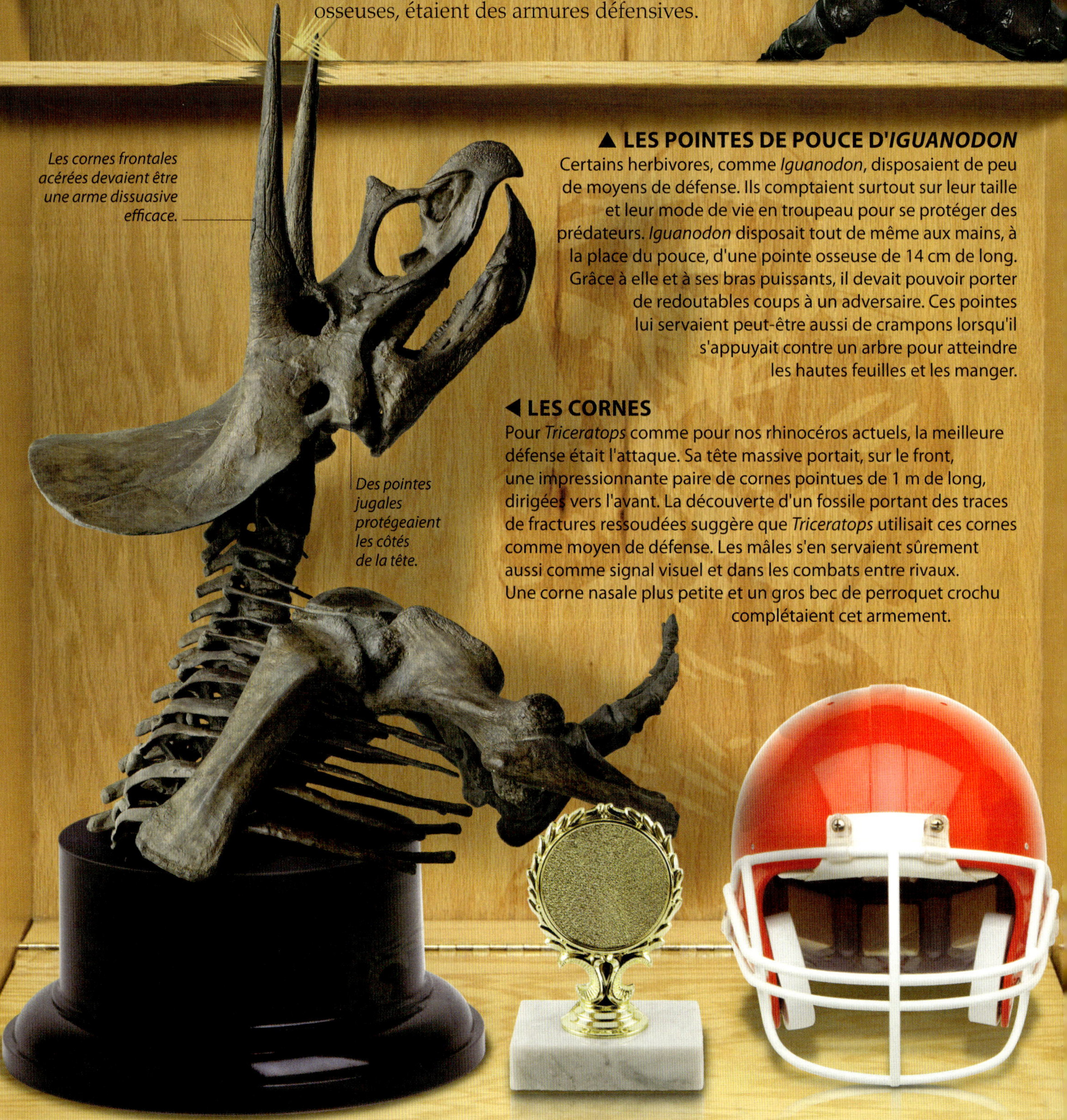

Les cornes frontales acérées devaient être une arme dissuasive efficace.

Des pointes jugales protégeaient les côtés de la tête.

▲ LES POINTES DE POUCE D'*IGUANODON*

Certains herbivores, comme *Iguanodon*, disposaient de peu de moyens de défense. Ils comptaient surtout sur leur taille et leur mode de vie en troupeau pour se protéger des prédateurs. *Iguanodon* disposait tout de même aux mains, à la place du pouce, d'une pointe osseuse de 14 cm de long. Grâce à elle et à ses bras puissants, il devait pouvoir porter de redoutables coups à un adversaire. Ces pointes lui servaient peut-être aussi de crampons lorsqu'il s'appuyait contre un arbre pour atteindre les hautes feuilles et les manger.

◀ LES CORNES

Pour *Triceratops* comme pour nos rhinocéros actuels, la meilleure défense était l'attaque. Sa tête massive portait, sur le front, une impressionnante paire de cornes pointues de 1 m de long, dirigées vers l'avant. La découverte d'un fossile portant des traces de fractures ressoudées suggère que *Triceratops* utilisait ces cornes comme moyen de défense. Les mâles s'en servaient sûrement aussi comme signal visuel et dans les combats entre rivaux. Une corne nasale plus petite et un gros bec de perroquet crochu complétaient cet armement.

Les plaques osseuses offraient au dos une certaine protection.

Les prédateurs devaient redouter la queue armée de pointes des stégosaures.

LES POINTES SUR LE DOS ET LA QUEUE ▲

Les stégosaures aux mouvements lents étaient des herbivores dont les défenses consistaient en longues pointes et en plaques osseuses qui émergeaient, certaines jusqu'à 1 m de haut, du dos, de la queue et des épaules. Chez *Stegosaurus*, les deux paires de pointes de la queue, orientées latéralement presque à l'horizontale, étaient susceptibles d'infliger de sérieuses blessures. Les plaques du dos n'étaient pas très robustes mais devaient offrir à la colonne vertébrale un certain degré de protection.

La massue de queue pouvait briser les os des jambes.

UNE MASSUE AU BOUT DE LA QUEUE ▶

L'une des plus extraordinaires armes défensives des herbivores était la massue que certains ankylosaures portaient à l'extrémité de la queue. Cette masse d'os pouvait parfois atteindre 60 cm de large. Projetée avec force contre les pattes d'un attaquant, elle devait sans peine en briser les os.

Ankylosaurus

Bâti comme un char d'assaut, ce dinosaure nord-américain de la fin du Crétacé a donné son nom à tout un groupe d'ornithischiens à cuirasse : les ankylosaures. Son nom, qui signifie « lézard rigide », fait référence à la cuirasse de plaques osseuses appelées ostéodermes, incluses dans sa peau épaisse. Sans la protection de ces dernières, ce quadrupède herbivore aux mouvements lents aurait été une proie facile pour des prédateurs souvent plus gros et plus rapides que lui.

De minuscules plaques osseuses cernaient les orbites oculaires d'Ankylosaurus et couvraient ses paupières.

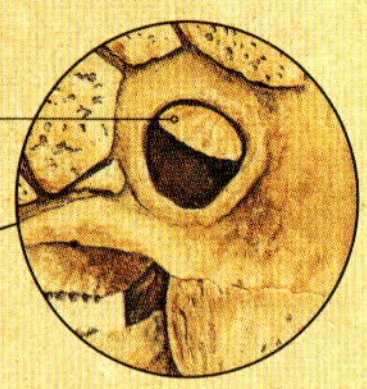

2

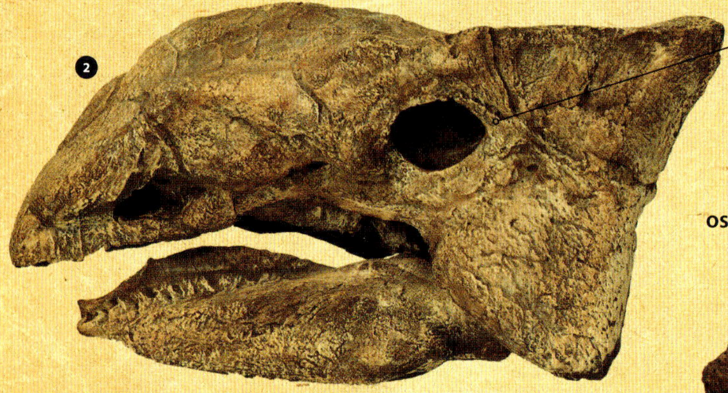

3

Minmi, avec ses 3 m de long, était l'un des plus petits ankylosaures.

Un ostéoderme, plaque osseuse incluse dans la peau

4

1

Longue queue s'achevant en une lourde massue constituée d'os

❶ UNE ARMURE TOUTE EN OS

Bien qu'aucun squelette complet n'ait été retrouvé, *Ankylosaurus* est l'un des mieux connus et le plus grand des dinosaures cuirassés. Pouvant atteindre 6 m de long et peser 3 à 4 tonnes, son corps trapu était couvert de centaines de plaques et de boutons osseux inclus dans sa peau. Il portait des pointes osseuses sur la tête et une lourde massue caudale dont il frappait ses attaquants pour leur briser les os.

❷ UNE TÊTE CASQUÉE

Compte tenu de la taille respectable d'*Ankylosaurus*, son crâne était relativement petit puisqu'il ne dépassait pas 64 cm de long. Ce crâne était large et triangulaire, protégé par des pointes osseuses implantées sur ses joues et derrière ses yeux. Il avait un museau osseux arrondi, doté d'un réseau complexe de conduits aériens internes dont personne ne sait quel était le rôle. Avec son gros bec et ses petites dents en forme de feuilles situées sur les côtés de ses mâchoires, *Ankylosaurus* ne pouvait que couper de la végétation et l'avaler sans la mastiquer.

❸ LE SQUELETTE DE *MINMI*

Retrouvé en Australie dans les couches du début du Crétacé, *Minmi* était l'un des plus petits ankylosaures. Parmi les spécimens mis au jour, figure l'un des squelettes les mieux préservés de ce groupe de dinosaures. *Minmi* présentait une structure unique parmi les ankylosaures : le long de sa colonne vertébrale se trouvaient de petites projections osseuses, les paravertèbres, qui semblent avoir fourni des points d'attache aux muscles raidissant le dos. Elles lui permettaient peut être de courir. L'un des spécimens présentait le contenu fossilisé de son estomac, montrant que *Minmi* consommait des fruits.

❹ UN OSTÉORDERME FOSSILISÉ

Les fossiles présentant souvent des restes bien préservés de la cuirasse osseuse, les scientifiques ont pu étudier et décrire avec précision cette forme de protection très efficace, et ses différences d'une espèce d'ankylosaure à l'autre. Ces animaux présentaient souvent, comme *Ankylosaurus*, des rangées d'ostéodermes et certains étaient hérissés de pointes osseuses. Seul le ventre était sans protection (sauf chez *Minmi*).

La vie en groupe

Adopter des mœurs grégaires, c'est-à-dire vivre et agir en groupes sociaux, présente de nombreux avantages pour les animaux et, là encore, les dinosaures ne faisaient pas exception. Ainsi, pour les herbivores, aller en troupeaux permettait de multiplier les paires d'yeux susceptibles de détecter un danger, et le nombre lui-même offrait une meilleure protection contre l'attaque des carnivores. Parmi les prédateurs, certains coopéraient pour chasser et venir à bout de grandes proies potentiellement dangereuses. Les squelettes fossilisés retrouvés en grands nombres sur certains sites suggèrent que le grégarisme existait effectivement chez les dinosaures, et que certains étaient peut-être même de véritables espèces sociales.

Les pistes parallèles des lourds sauropodes montrent qu'ils se déplaçaient tous ensemble dans la même direction.

▲ SUR LA PISTE DES SAUROPODES

Les chercheurs retrouvent souvent des pistes fossilisées de sauropodes géants, tel *Diplodocus*, montrant que des individus nombreux se déplaçaient ensemble tous dans la même direction. Cela apporte une preuve convaincante que ces animaux avaient une vie grégaire. Ils se réunissaient peut-être au moment des migrations vers des territoires de nourrissage ou de reproduction, ou bien pour se protéger contre les prédateurs. Des empreintes occasionnelles de théropodes, reconnaissables à leurs pieds à trois doigts, trouvées à proximité, suggèrent en effet que ces carnivores suivaient de près les troupeaux.

Assez petit et de conformation légère, Coelophysis *n'aurait pas pu venir seul à bout d'une grosse proie.*

▼ *COELOPHYSIS*

En 1947, les os d'une vingtaine de squelettes entiers de *Coelophysis* ont été retrouvés entassés sur le site de Ghost Ranch, au Nouveau-Mexique (États-Unis). On pense qu'une colonie tout entière y a été balayée et noyée par une crue éclair. Le groupe s'était peut-être rassemblé pour la saison de reproduction, comme le font de nombreux animaux sociaux. Mais certains scientifiques se sont demandé si ces petits prédateurs chassaient ensemble : il n'en existe pas de preuve formelle.

IGUANODON ▶

Plus de 38 squelettes fossilisés d'*Iguanodon* quasiment entiers, accompagnés de quelques squelettes de *Mantellisaurus*, ont été découverts dans une mine de charbon en Belgique à la fin du XIXe siècle. Les vestiges montraient que ces ornithopodes herbivores vivaient ensemble, broutant l'abondante végétation qui poussait autour d'un lac. Les deux espèces formaient peut-être des troupeaux communs, chacune se spécialisant sur un type de végétation différent.

Même des cératopsiens de 6 m de long pouvaient rechercher la sécurité dans le nombre.

▲ EINIOSAURUS

Des centaines d'os du cératopsien *Einiosaurus*, dont la plupart appartenaient à quinze individus, ont été découvertes dans des roches de la fin du Crétacé dans le Montana, aux États-Unis. Ces vestiges fossiles semblent apporter la preuve que ces herbivores de 6 m de long vivaient en troupeaux, peut-être pour la protection que cela leur procurait contre les prédateurs. Néanmoins, il est parfois difficile de tirer des conclusions certaines de tels amas d'ossements ; tous ces animaux auraient aussi bien pu être dispersés jusqu'au moment de leur mort, peut-être due à une crue éclair qui les aurait emportés en un même point.

La reproduction en colonie augmentait les chances de survie des bébés dinosaures.

◀ MAIASAURA

Les vestiges fossilisés de nids nombreux contenant des fragments d'œufs ont été découverts dans des roches de la fin du Crétacé dans le Montana. Des fossiles de bébés fraîchement éclos retrouvés avec les œufs ont été identifiés comme étant ceux de l'hadrosaure *Maiasaura*. Cela prouve que des femelles de cet ornithopode herbivore se rassemblaient pour nicher au même endroit, génération après génération. Leur yeux et leurs oreilles nombreux devaient leur permettre de détecter plus sûrement l'approche d'un danger.

La chasse en meute

En s'associant pour chasser en groupe, les prédateurs peuvent s'attaquer à des proies beaucoup plus grosses qu'eux et en venir à bout plus facilement. Mais la chasse en meute coordonnée est risquée, nécessite de l'intelligence, des capacités de communication et l'existence d'un lien social au sein du groupe. Les loups et les lions développent toutes ces aptitudes dès leur naissance, en vivant et en jouant ensemble, et en apprenant des membres plus âgés de la meute. Il est tout à fait possible que certains dinosaures prédateurs aient agi de même.

CHEZ LES PETITS CARNIVORES ▼

Les chercheurs se sont demandé si les *Coelophysis* (ci-dessous) découverts à Ghost Ranch, au Nouveau-Mexique (voir p. 108) constituaient une meute de chasse, mais ils ne trouvèrent aucun élément qui pouvait l'attester. L'absence de preuve n'étant pas une preuve du contraire, on peut imaginer que ces animaux pouvaient mener des attaques coordonnées contre des proies. D'autant plus que l'on soupçonne fortement d'autres petits théropodes, comme *Deynonychus* ou *Velociraptor* d'en avoir fait autant.

▲ **CHEZ LES GROS CARNIVORES**
Albertosaurus est généralement présenté comme un prédateur ou un charognard solitaire. Mais la découverte sur le site de Dry Island, dans l'Alberta (Canada), des restes fossilisés de 26 individus d'âges différents, pourrait être la preuve qu'il vivait en groupes familiaux. Peut-être une découverte future montrera-t-elle qu'il chassait également en meute.

▲ **MORTELLE ATTAQUE**
Dans les années 1990, dans le Montana, aux États-Unis, les restes de quatre *Deinonychus* furent découverts aux côtés de ceux d'un *Tenontosaurus*, un paisible iguanodonte.
Les scientifiques pensent qu'une meute de *Deinonychus* a pu attaquer l'herbivore et que celui-ci a lui-même dû tuer quatre de ses assaillants avant de mourir de ses blessures.

LES MEUTES ACTUELLES ▼
Les loups de l'Arctique vivent en groupes familiaux d'une dizaine d'individus, parfois plus. Grandir au sein de la meute leur enseigne à agir en coordination pour attaquer et tuer des proies grosses et dangereuses, comme ce bœuf musqué de 400 kg. La chasse peut être longue et fatigante, et la proie peut se retourner contre ses attaquants et infliger de sérieuses blessures. Toutes les traques ne connaissent pas le succès.

EXTINCTION EN MASSE

L'ère Mésozoïque s'acheva en catastrophe planétaire il y a 66 millions d'années avec la chute d'un astéroïde sur la Terre. Cela provoqua un changement climatique global qui effaça 85 % des êtres vivants, notamment les dinosaures.

La fin des dinosaures

La disparition des dinosaures

Les dinosaures ainsi que d'autres groupes de reptiles du Mésozoïque, comme les ptérosaures, disparurent tous à la fin du Crétacé, il y a environ 66 millions d'années. Ce fut l'une des cinq crises majeures qui ont marqué la longue histoire de la vie depuis 545 millions d'années sur notre planète et qui s'accompagnèrent de l'extinction en masse d'espèces vivantes. Elle fut probablement provoquée par la collision cataclysmique entre un astéroïde et la Terre. L'impact a dû projeter dans l'atmosphère des nuages de poussières qui ont caché le soleil pendant des années sur l'ensemble du globe, entraînant un changement climatique catastrophique. Des éruptions volcaniques massives, survenues en Inde à la même époque, n'ont sans doute fait qu'amplifier le désastre.

▼ L'IMPACT D'UN ASTÉROÏDE

Ci-dessous est représentée une vision d'artiste du cratère laissé dans la croûte terrestre par l'astéroïde de 10 km de diamètre que l'on soupçonne d'avoir provoqué l'extinction des dinosaures : un cratère de 180 km de diamètre centré sur la ville de Puerto Chicxulub, dans la péninsule du Yucatán, au Mexique. Lors de l'impact, 50 000 kilomètres cubes de roches et d'eau de mer furent pulvérisés et vaporisés dans l'atmosphère. Tous ces débris masquèrent la lumière du Soleil pendant plusieurs années, provoquant un refroidissement global du climat et l'arrêt de la photosynthèse. Durant cette longue nuit artificielle, nombre de plantes et d'animaux qui avaient survécu à l'impact disparurent.

Vision d'artiste de l'immense cratère provoqué par l'astéroïde au Yucatán. Ce cratère est aujourd'hui érodé et comblé et n'est plus visible. Il n'est détectable que par des analyses géophysiques et géologiques de la croûte terrestre dans la région.

L'astéroïde est tombé sur la péninsule du Yucatán, au Mexique.

▼ LE CRATÈRE AUJOURD'HUI

Consécutivement à l'impact, l'onde de choc et ses échos donnèrent naissance à deux, peut-être même trois anneaux de reliefs concentriques, de diamètres respectifs de 70 km, 180 km et peut-être 300 km. Tout le bassin du cratère fut envahi par l'eau de mer et il est aujourd'hui comblé par les couches sédimentaires. Il fut découvert à la fin des années 1970 par des scientifiques effectuant des mesures géophysiques pour le compte d'une société pétrolière mexicaine.

▼ LA LIMITE CRÉTACÉ-PALÉOGÈNE

Dans les strates géologiques, une fine couche d'argile sombre, présente tout autour de la Terre, sépare le Crétacé du Paléogène, la première période de l'ère Cénozoïque. Mais jusqu'à la fin des années 1970, personne ne comprenait sa signification. Le chercheur américain Walter Alvarez constata alors qu'elle avait une haute teneur en iridium. Or l'iridium est rare sur la Terre mais présent en forte concentration dans les astéroïdes. Alvarez en déduisit qu'à cette époque, la Terre avait dû être arrosée par une pluie globale de poussière d'iridium consécutive à un impact d'astéroïde.

▼ UNE ACTIVITÉ VOLCANIQUE MASSIVE

La fin du Crétacé coïncide également avec une période de très forte activité volcanique dans l'ouest de l'Inde. Elle fut marquée par l'éruption de quantités phénoménales de lave, dont les dépôts basaltiques forment aujourd'hui les trapps du Deccan. Les éruptions à grande échelle de ce type rejettent dans l'atmosphère d'énormes quantités de poussières, de cendres et d'aérosols qui provoquent une réduction de l'ensoleillement. On sait par ailleurs qu'à la même époque s'est produit un fort abaissement du niveau marin. Ces phénomènes pourraient s'être additionnés aux effets de l'astéroïde et contribuer à l'extinction de nombreux groupes d'animaux, dont les dinosaures.

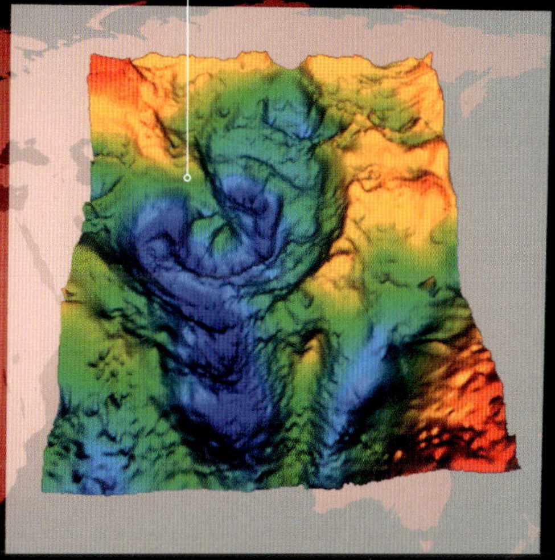

Carte gravitationnelle générée par ordinateur de la région du cratère de Chicxulub

Une couche sombre d'argile à forte teneur en iridium marque la limite entre le Crétacé et le Paléogène.

Une pièce placée sur la couche d'argile montre sa finesse.

Lieu des éruptions massives dans l'ouest de l'Inde

Les trapps du Deccan se sont formés lors d'éruptions massives il y a 66 millions d'années.

Les survivants

Les dinosaures sont les victimes les plus célèbres de la grande extinction de la fin du Crétacé. Mais ils ne sont pas les seuls ; d'autres grands groupes de reptiles du Mésozoïque — les ptérosaures, les ichtyosaures, les plésiosaures et les mosasaures — ont également été éradiqués. Un nombre significatif de groupes de reptiles a néanmoins survécu, et peuple encore la Terre aujourd'hui. Ce sont principalement les crocodiliens, les tortues, les lézards et les serpents. Cependant, tous les dinosaures n'ont pas disparu : leurs descendants directs, les oiseaux, ont survécu. D'autres groupes d'êtres vivants ont également échappé à l'extinction. Ce sont notamment les mammifères, les poissons osseux, les plantes à fleurs et les insectes qui les pollinisaient.

1 LES NAUTILES

Les nautiles (genre *Nautilus*) sont des céphalopodes à coquille, un type de mollusques marins proches parents des pieuvres et des calmars, mais vivant dans une coquille spiralée. On les rencontre dans l'Océan Indien et autour de certaines îles du Pacifique et de l'Australie. Ce sont les uniques survivants du groupe très ancien des nautiloïdes, apparu au Cambrien il y a plus de 500 millions d'années. Les ammonites, un autre groupe de mollusques céphalopodes à coquille, proches cousins des nautiles, s'est éteint à la fin du Crétacé.

❷ *GASTORNIS*

Aussi grand qu'un homme, cet oiseau aux ailes trop réduites pour lui permettre de voler vivait dans les forêts tropicales d'Europe et d'Amérique du Nord il y a 50 millions d'années. Il appartenait à un groupe d'oiseaux apparu à la fin du Crétacé, les ansériformes, dont les représentants actuels sont les canards, les oies et les cygnes.

❸ *ATURIA*

Ce nautiloïde vivait au Paléogène, la première période de l'ère Cénozoïque, qui succéda à l'âge des dinosaures, et survécut jusqu'au début du Néogène il y a environ 20 millions d'années. Répandu dans le monde entier, il évoluait probablement en pleine mer, se nourrissant de petits poissons et crustacés.

❹ *PUPPIGERUS*

Les tortues marines sont apparues au début du Crétacé, il y a quelque 110 millions d'années, à partir d'un groupe de reptiles de la fin du Trias. Quatre familles ont survécu à l'extinction massive de la fin du Crétacé. *Puppigerus*, qui vivait dans les mers subtropicales entre – 55 et – 40 millions d'années, mesurait 90 cm de long et avait des yeux énormes.

Les oiseaux poursuivent l'aventure

Après leur apparition au Jurassique à partir d'une branche de petits théropodes, les oiseaux se diversifièrent en plusieurs groupes tout au long du Crétacé. Progressivement, leurs caractères primitifs régressèrent, telle la longue queue osseuse héritée des dinosaures, et la dentition du bec. Beaucoup d'entre eux disparurent lors de l'extinction massive de la fin du Crétacé, notamment parmi les groupes les plus primitifs, mais quelques espèces survécurent. Au cours des 66 millions d'années qui suivirent, les oiseaux connurent une descendance prospère. De nos jours, il en existe plus de 9000 espèces.

❶ *HESPERORNIS*

Hesperornis, de la fin du Crétacé, était un grand oiseau marin de 1 m de long avec de petites ailes. Il ne pouvait pas voler mais c'était un nageur expert. Il se servait de ses grandes pattes munies de longs doigts pour se propulser à la surface de l'eau comme en plongée. Il chassait des poissons et des calmars, qu'il attrapait avec son long bec denté. À terre, où il venait pour nicher, *Hesperornis* ne pouvait probablement pas marcher et devait peut-être ramper sur son ventre. Son espèce et son groupe s'éteignirent à la fin du Crétacé.

❷ *ICHTHYORNIS*

Autre oiseau marin de la fin du Crétacé, *Ichthyornis*, pouvait atteindre 60 cm de long, c'est-à-dire la taille d'un grand goéland, mais sa tête et son bec étaient comparativement plus gros. Son bec était garni de petites dents incurvées vers l'arrière. Il s'en servait pour attraper et maintenir les poissons et autres proies glissantes. Ses pieds étaient munis de courtes griffes et probablement palmés, et il possédait de puissants muscles du vol rattachés à un bréchet profond. C'était un oiseau puissant, en vol comme à la nage, mais il disparut lui aussi à la fin du Crétacé

❸ *VEGAVIS*

Cet oiseau est l'un des plus vieux membres connus d'un groupe majeur, celui des ansériformes, représenté de nos jours par les canards, les oies et les cygnes. Lorsque ses restes fossilisés furent retrouvés en 1992, ils confirmèrent que certaines familles d'oiseaux actuelles avaient déjà émergé avant la grande extinction de la fin du Mésozoïque. Mesurant 60 cm de long, *Vegavis* avait à peu près la taille d'un canard colvert et vivait en Antarctique à la fin du Crétacé, époque où le climat y était beaucoup plus chaud qu'aujourd'hui.

❻ DINORNIS

Les moas, oiseaux géants de Nouvelle-Zélande, dont les plus grandes femelles pouvaient atteindre 3,60 m de haut — les mâles étaient plus petits —, furent les plus grands oiseaux connus. Ils pouvaient peser jusqu'à 278 kg selon les estimations. Inaptes au vol, herbivores, ils furent chassés jusqu'à l'extinction par les ancêtres polynésiens des Maoris, qui colonisèrent la Nouvelle-Zélande. Ils avaient tous disparu au début du XVIe siècle. Ils appartenaient au groupe des paléognathes, apparu au cours du Paléogène. Ce groupe est encore représenté de nos jours par des oiseaux non volants comme l'autruche, l'émeu et les kiwis.

❼ TITANIS

Les fossiles incomplets de *Titanis* suggèrent qu'il s'agissait d'un énorme oiseau de 2 m de haut, aux ailes atrophiées, carnivore, pourvu d'un très gros bec crochu, qui vécut entre – 5 et – 2 millions d'années. Ce fut l'un des derniers survivants d'un groupe apparu en Amérique du Sud peu après la fin du Crétacé. Ayant sans doute un mode de vie proche des dinosaures théropodes, ses représentants étaient de redoutables prédateurs.

❹ IBEROMESORNIS

De la taille d'un moineau, *Iberomesornis* présentait des caractères d'oiseau évolué, tels qu'une queue courte, de puissants muscles du vol et des pieds munis d'un doigt orienté vers l'arrière pour saisir le perchoir. Mais il conservait aussi des caractères plus primitifs, comme une griffe présente sur chaque aile. Il faisait partie d'un groupe d'oiseaux primitifs apparu au début du Crétacé mais qui ne lui survécut pas.

❺ PRESBYORNIS

Cet oiseau à long cou et à longues pattes du début du Paléogène était apparenté aux ansériformes, le groupe des oies et des canards. De nombreux fossiles en ont été retrouvés, y compris de ses œufs et ses nids, dans des sites jadis occupés par des lacs peu profonds. Peut-être *Presbyornis* était-il un oiseau aquatique vivant en grandes colonies au bord des plans d'eau. Il devait utiliser son bec de canard pour filtrer les petits organismes en suspension dans l'eau.

Les mammifères

Tous les mammifères, l'Homme y compris, descendent d'un groupe ancien de reptiles : les synapsides. Apparus à la fin du Trias, les premiers mammifères étaient de minuscules animaux qui sortaient pour chasser surtout la nuit. Actifs, bien isolés par de la fourrure, leur organisme produisait sa propre chaleur et ils avaient le sang chaud. Ces caractères leur permirent de survivre dans l'ombre des dinosaures, qui étaient surtout actifs le jour. Après la disparition de ces derniers, les mammifères purent s'approprier les milieux désormais libres et, durant le Paléogène, se diversifièrent en formes nombreuses et de toutes tailles. Tous les grands animaux qui vivent aujourd'hui sont des mammifères.

❶ *MORGANUCODON*
Ce fut l'un des tout premiers mammifères primitifs. Il mesurait 9 cm de long, ressemblait à une grosse musaraigne et chassait les insectes la nuit. Il pondait probablement des œufs, tout comme l'ornithorynque et les autres monotrèmes (mammifères pondeurs d'œufs) actuels.

❷ *EOMAIA*
Un fossile unique en parfait état d'*Eomaia*, retrouvé en Chine dans les couches du début du Crétacé, montre que cet animal de 10 cm de long, couvert de poils, était un insectivore bon grimpeur. Son nom signifie « mère de l'aube » et ses os montrent qu'il était plus proche des mammifères placentaires, qui mettent bas leurs petits vivants, que des mammifères pondeurs d'œufs.

❸ *ZALAMBDALESTES*
Cet insectivore de la taille d'un rat de la fin du Crétacé, retrouvé en Mongolie, mesurait 24 cm de long. Il avait de longues pattes adaptées à la course et au saut, un long museau très effilé, et ses dents poussaient continuellement tout au long de sa vie, comme celles des rongeurs actuels. Ce fut l'un des premiers mammifères placentaires.

❹ *PHENACODUS*

Au cours du Paléogène, qui s'étendit de – 66 à – 23 millions d'années, apparurent les premiers mammifères ongulés, qui pâturaient dans les prairies et les bois. L'un d'eux, *Phenacodus*, mesurait 1,40 m de long. Ses pieds supportaient tout son poids sur trois longs doigts centraux terminés par un petit sabot émoussé.

❺ *ICARONYCTERIS*

Au Paléogène, Icaronycteris fut l'une des premières chauves-souris. Son corps mesurait 14 cm de long et son envergure 37 cm. Comme les chauves-souris actuelles, elle utilisait l'écholocalisation pour repérer ses proies qu'elles chassait en vol la nuit. L'un de ses fossiles renfermait des écailles d'ailes de papillon de nuit dans son estomac.

❻ *DARWINIUS*

Le groupe des primates, qui comporte les singes et l'Homme, apparut au moment où disparaissaient les dinosaures. Au Paléogène, il se mit à prospérer. Il était alors représenté par d'agiles petits animaux arboricoles tel *Darwinius*.

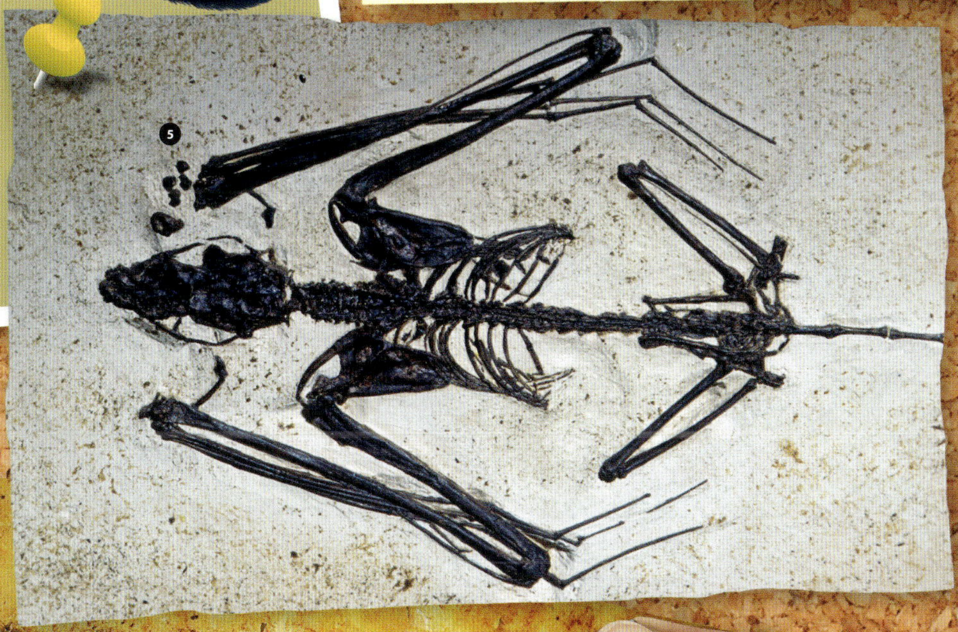

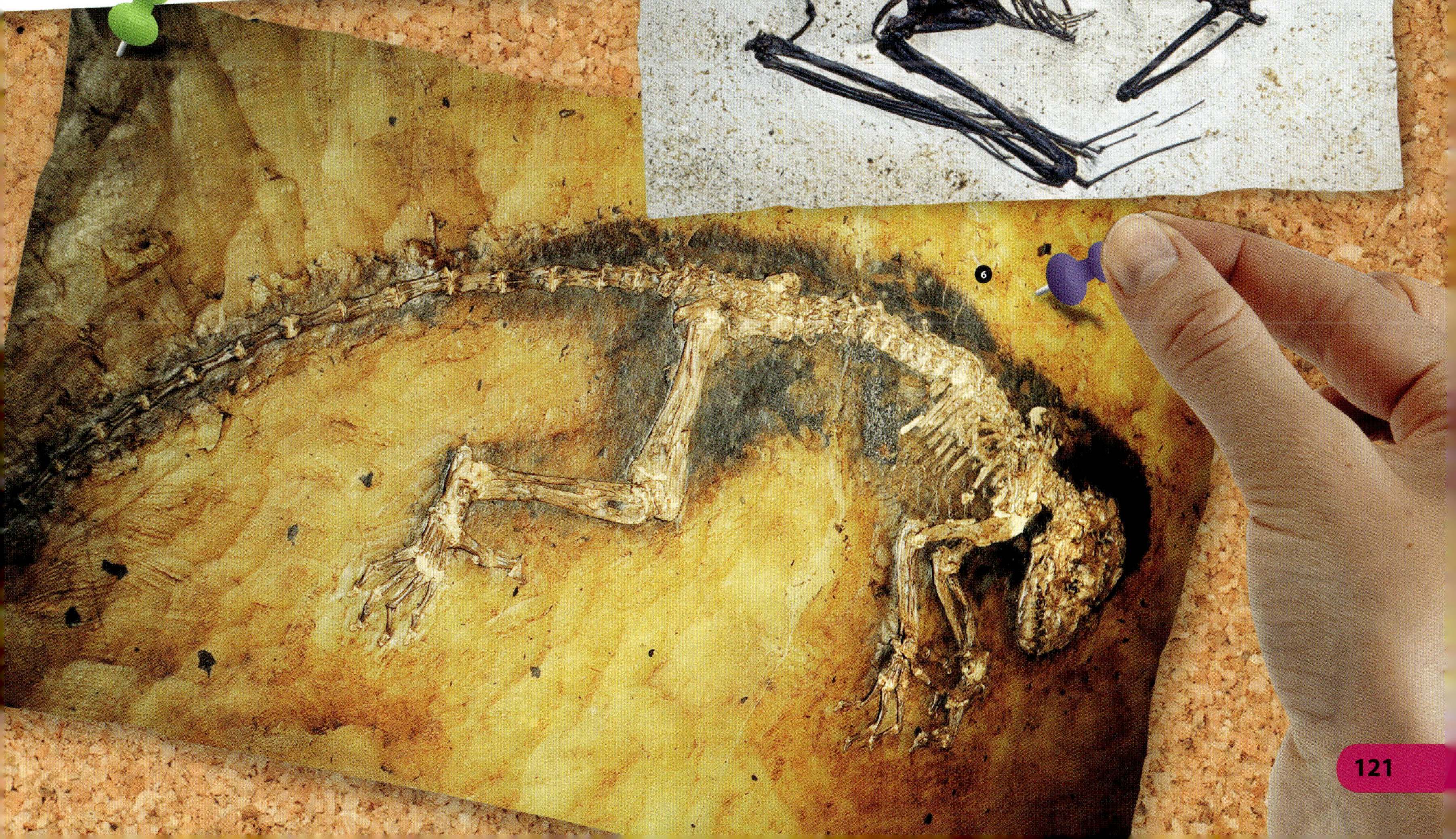

Les fossiles vivants

Les fossiles nous montrent que l'immense biodiversité de notre monde actuel est le résultat d'un lent processus d'évolution des êtres vivants. La grande majorité des formes de vie qui se sont succédées au cours des centaines de millions d'années sont aujourd'hui éteintes, mais quelques-unes les ont traversées en changeant très peu. Ces « fossiles vivants » sont si bien adaptés à leur environnement qu'ils n'ont presque pas besoin d'évoluer. Il arrive parfois que l'on croie une espèce éteinte, jusqu'à ce que celle-ci soit retrouvée bien vivante dans un milieu refuge.

❶ LE GINKGO

Des feuilles en éventail caractéristiques des ginkgos ont été retrouvées fossilisées dans des roches datant du début du Jurassique. Ces végétaux arborescents précurseurs des plantes à graines, et apparus bien avant les plantes à fleurs, se sont répandus largement au cours du Jurassique et du Crétacé. La plupart se sont éteints au Pliocène il y a environ 3 millions d'années. Une espèce a survécu à l'état sauvage dans les montagnes de Chine. Elle est aujourd'hui plantée dans les parcs et jardins du monde entier.

❷ LES BRACHIOPODES

Ce groupe de mollusques bivalves marins est apparu il y a environ 525 millions d'années, au début du Cambrien, et a produit quelque 12 000 espèces fossilisées. Il en subsiste 330 de nos jours. Parmi les groupes les plus anciens figurent les lingules, dont les espèces actuelles ont peu évolué par rapport aux formes anciennes, et dont la coquille et le mode de vie n'ont pratiquement pas changé depuis 500 millions d'années. Le corps est protégé par une coquille et attaché sur le fond par un pédoncule.

❸ LES MYRIAPODES

Il s'agit d'un groupe d'arthropodes réunissant les scolopendres et les mille-pattes, les premiers étant prédateurs, les seconds se nourrissant de débris végétaux en décomposition dans le sol. Leurs ancêtres furent parmi les premiers animaux à coloniser la terre ferme. On en trouve en effet des fossiles datant du Silurien, il y a 428 millions d'années. Vers – 350 millions d'années, au début du Carbonifère, ils avaient développé des formes géantes comme *Arthropleura*, long de 2 m.

De nos jours, le mille-pattes géant africain atteint 38 cm.

Coquille fossile de lingule

Mesolimulus *atteignait 9 cm de long, queue non comprise.*

Macropoma *était jadis considéré comme le dernier cœlacanthe ayant vécu avant la découverte des espèces encore vivantes.*

4 LES CŒLACANTHES

De tous les «fossiles vivants», les plus célèbres sont sans doute les cœlacanthes. Ceux-ci appartiennent à un groupe très ancien de poissons à nageoires lobées, apparu au début du Dévonien il y a environ 400 millions d'années. Les données fossiles semblaient montrer que les cœlacanthes avaient disparu avec les dinosaures lors de la grande extinction de la fin du Crétacé. Mais en 1938, des pêcheurs sud-africains en prirent un spécimen vivant dans l'océan Indien, et en 1997, une seconde espèce fut découverte en Indonésie.

5 LES PÉRIPATES

Les 180 espèces vivantes de péripates, aussi appelés onychophores, forment un groupe d'animaux inférieurs dont les formes les plus anciennes apparaissent au début du Cambrien, il y a environ 500 millions d'années. De nos jours, ces animaux ayant l'aspect et la taille de chenilles, dotés d'un corps mou segmenté et de pieds nombreux, sont des prédateurs du sol vivant dans les litières de feuilles des forêts tropicales de l'hémisphère Sud. Leurs ancêtres du Cambrien étaient entièrement marins et leurs fossiles sont très rares.

6 LES LIMULES

Malgré leur aspect qui évoque celui des crabes, les limules sont cousines des araignées et des scorpions. Elles sont apparues à la fin de l'Ordovicien il y a environ 450 millions d'années, et n'ont pratiquement pas changé depuis. Leur corps et leurs cinq paires de pattes sont protégés par une carapace en forme de fer à cheval, que l'animal remplace par mues successives à mesure qu'il grandit. La queue raide s'achève en un bout pointu comme une lance. *Mesolimulus* vivait sur les fonds marins de la fin du Jurassique, où elle chassait les vers et les mollusques.

Glossaire

ADAPTATION Modifications d'un être vivant qui évolue en réaction aux conditions présentes dans son environnement.

AMBRE Forme fossilisée de la résine des arbres, qui renferme parfois des insectes et autres organismes anciens bien préservés.

ANCÊTRE Espèce végétale ou animale à partir de laquelle une espèce plus récente a évolué.

ANKYLOSAURES Groupe de dinosaures ornithischiens, quadrupèdes et herbivores portant une cuirasse de plaques osseuses incluses dans la peau, ayant vécu du milieu du Jurassique à la fin du Crétacé.

ARCHOSAURIENS Grand groupe de reptiles apparu au début du Trias d'où sont issus les dinosaures, les ptérosaures et les crocodiliens.

ASTÉROIDE Objet céleste rocheux ou métallique en orbite autour du Soleil, résidu de la formation des planètes. C'est un astéroïde tombé sur la Terre qui a probablement contribué à l'extinction des dinosaures à la fin du Crétacé.

BASSIN Partie du squelette formant les hanches et qui relie les membres inférieurs à la colonne vertébrale.

BIPÈDE Qui marche sur deux jambes.

CARNIVORE Animal se nourrissant de la chair d'autres animaux.

CEINTURE SCAPULAIRE Ensemble des os qui relient les membres antérieurs à la colonne vertébrale.

CÉRATOPSIENS Groupe de dinosaures ornithischiens, quadrupèdes et herbivores dotés de cornes sur la tête et d'un bec corné, ayant vécu de la fin du Jurassique à la fin du Crétacé.

CHANGEMENT CLIMATIQUE Modifications majeures du climat mondial, pouvant durer des millions d'années.

CHAROGNARD Animal carnivore qui se nourrit des carcasses d'animaux déjà morts, ayant été tués par d'autres prédateurs ou ayant connu une mort naturelle.

COPROLITHE Excréments fossilisés.

CRÉTACÉ Troisième et dernière période de l'ère Mésozoïque, ayant duré de – 145 à – 66 millions d'années.

CROCODILIENS Groupe de reptiles regroupant les actuels crocodiles, alligators et espèces proches. Avec leurs nombreuses formes éteintes, ils forment le groupe des crocodylomorphes, apparu en même temps que les dinosaures, et appartenant au groupe des archosauriens.

DEINONYCHOSAURES Groupe de dinosaures théropodes de taille petite à moyenne, bipèdes, dotés d'une griffe hypertrophiée en forme de faucille sur le deuxième doigt, coureurs rapides, ayant vécu du milieu du Jurassique à la fin du Crétacé, et ayant donné naissance aux premiers oiseaux.

DENTS JUGALES Dents situées sur les côtés des mâchoires, par opposition à celles situées sur le devant.

DESCENDANT Espèce animale ou végétale issue par processus évolutif d'une espèce plus ancienne, appelée ancêtre.

DINOSAURES Vaste groupe de reptiles archosauriens à membres droits qui domina la vie sur Terre pendant 160 millions d'années depuis la fin du Trias jusqu'à la fin du Crétacé. Les oiseaux sont leurs descendants directs.

DINOSAURES AVIENS Groupe de dinosaures dotés de plumes et d'ailes servant essentiellement au vol battu. Les dinosaures aviens comptent aujourd'hui plus de 9 000 espèces, désignées surtout sous le nom d'« oiseaux ». Les dinosaures non aviens ont tous disparu à la fin du Crétacé.

EMBRYON Animal à un stade précoce de son développement dans l'œuf ou le ventre de sa mère. Certains œufs fossiles conservent des vestiges d'embryons.

ENVERGURE Chez les animaux volants, distance comprise entre les extrémités des deux ailes lorsque celles-ci sont étendues.

ÈRE MÉSOZOÏQUE Ère ayant duré de – 252 à – 66 millions d'années, jadis appelée ère secondaire, englobant les périodes du Trias, du Jurassique et du Crétacé.

ESPÈCE Niveau de la classification scientifique des êtres vivants dont les représentants se ressemblent tous et peuvent se reproduire entre eux en donnant des descendants non stériles. On connaît plus de 1 000 espèces de dinosaures.

ÉVOLUTION Ensemble des changements graduels qui se produisent chez les animaux et les plantes sur de longues périodes de temps, conduisant à l'apparition d'espèces nouvelles.

EXOSQUELETTE Littéralement : squelette externe. Carapace articulée recouvrant le corps de certains animaux invertébrés, comme les insectes et les crustacés, par exemple, qui en protège les parties molles, contribue à sa rigidité et offre des points d'attache à la musculature.

EXTINCTION Mort de la totalité des représentants d'une espèce animale ou végétale. Une extinction peut se produire naturellement suite à une compétition entre espèces, par remplacement par une autre espèce plus évoluée, sous l'effet de changements dans l'environnement ou de désastres naturels (comme une chute d'astéroïde), ou à la suite d'une chasse excessive et de la destruction des habitats naturels par l'Homme.

EXTINCTION MASSIVE Extinction simultanée d'un grand nombre d'espèces vivantes.

FOSSILE Vestiges ou traces d'un organisme mort préservés dans la roche.

FOSSILISATION Processus par lequel les restes d'une plante ou d'un animal se trouvent enfouis et préservés dans la roche.

FOUILLES Opérations de dégagement du sol de vestiges fossilisés ou archéologiques.

GASTROLITHE Pierre de taille variable ingérée par certains animaux, comme les oiseaux ou les dinosaures, pour contribuer au broyage des aliments dans le gésier.

GÉSIER Poche du tube digestif précédant l'estomac chez les oiseaux, les crocodiles et les dinosaures, dont les parois très musclées contribuent au broyage de la nourriture, souvent aidée par des gastrolithes.

GIGANTOTHERMIE Phénomène survenant chez les animaux à sang froid de grande taille, par lequel la température du corps est maintenue plus constante que chez les animaux plus petits grâce à la réduction du rapport entre le volume du corps et la surface de peau par laquelle s'effectuent les échanges de chaleur avec l'extérieur.

HADROSAURES Groupe de dinosaures ornithischiens herbivores à bec de canard de la fin du Crétacé. Certains possédaient une crête osseuse distinctive sur la tête.

HERBIVORE Animal se nourrissant exclusivement d'aliments végétaux.

ICHNOFOSSILE Preuve fossilisée indirecte de l'existence d'un animal, se présentant sous la forme d'empreintes, de marques de morsures, d'excréments, de nids, etc.

ICHTYOSAURES Groupe de reptiles marins prédateurs à silhouette de dauphins, communs dans les océans durant l'ère Mésozoïque.

IGUANODONTES Groupe de gros dinosaures ornithopodes, herbivores, à tête allongée dont le type nominatif est *Iguanodon*, ayant vécu du milieu du Jurassique à la fin du Crétacé et comprenant les hadrosaures.

INVERTÉBRÉ Animal dépourvu de colonne vertébrale.

JURASSIQUE Deuxième période de l'ère Mésozoïque, ayant duré de – 201 à – 145 millions d'années.

MAMMIFÈRE PLACENTAIRE
Mammifère dont le fœtus est alimenté par un placenta dans le ventre de la mère avant sa naissance. La plupart des mammifères sont placentaires.

MAMMIFÈRES Groupe d'animaux vertébrés à sang chaud apparu à la fin du Trias, qui nourrissent leurs jeunes avec du lait produit par la mère et dont la peau est recouverte de poils.

MONOTRÈMES . Groupe de mammifères ovipares, qui pondent des œufs et allaitent leurs petits, représenté par l'ornithorynque et les échidnés.

MOSASAURES Groupe de grands reptiles marins prédateurs à grosse tête allongée et membres transformés en nageoires ayant vécu à la fin du Crétacé.

NOTHOSAURES Groupe de grands reptiles marins prédateurs du Trias à corps de lézard et à pattes palmées. Incomplètement adaptés au milieu aquatique, ils devaient sans doute revenir à terre pour se reproduire et mettre bas.

OMNIVORE Animal se nourrissant à la fois d'aliments d'origine végétale et animale.

ORNITHISCHIENS Dinosaures « à bassin d'oiseau ». C'est l'un des deux grands groupes de dinosaures (voir aussi *Saurischiens*), dont la structure du bassin est similaire à celle du bassin des oiseaux, avec l'os pubien dirigé vers le bas et vers l'arrière. Tous les ornithischiens étaient des herbivores.

ORNITHOPODES Groupe de dinosaures ornithischiens, herbivores, à longs membres postérieurs, majoritairement bipèdes. Ce groupe comprenait les hypsilophodontes, les iguanodontes et les hadrosaures, et a vécu du milieu du Jurassique à la fin du Crétacé.

OVIRAPTOROSAURES Groupe de dinosaures petits théropodes de la fin du Crétacé, à bec de perroquet, dont le nom, signifiant « lézards voleurs d'œuf », a été attribué à la suite d'une erreur, mais a été conservé.

PACHYCEPHALOSAURES
Groupe de dinosaures ornithischiens bipèdes présentant un crâne renforcé par un épais dôme osseux, incluant des herbivores et des omnivores, ayant vécu essentiellement à la fin du Crétacé.

PALÉONTOLOGIE Science qui étudie les formes de vie animales et végétales du passé à travers leurs fossiles. Les scientifiques qui l'exercent sont des paléontologues.

PANGÉE Nom du supercontinent qui regroupait l'ensemble des terres émergées à la fin de l'ère Paléozoïque et au début de l'ère Mésozoïque.

PLANTES À FLEURS Végétaux à graines dont les organes reproducteurs sont situés dans les fleurs, et les graines contenues dans des fruits. Elles sont apparues au début du Crétacé.

PLÉSIOSAURES Groupe de grands reptiles marins prédateurs à membres transformés en nageoires ayant vécu du début du Jurassique à la fin du Crétacé. Beaucoup avaient un long cou et une petite tête, mais certains (les pliosaures) avaient un cou plus réduit et une grosse tête.

PLIOSAURES Groupe de plésiosaures pourvus d'un cou massif et court et d'une grosse tête aux mâchoires armées de dents de crocodile.

PRÉDATEUR Animal qui chasse et tue d'autres animaux pour se procurer sa nourriture.

PROIE Animal qui est chassé pour être mangé par les prédateurs.

PTÉROSAURES Groupe de reptiles volants issu, comme les dinosaures, des archosauriens, apparu à la fin du Trias et qui s'est éteint à la fin du Crétacé.

QUADRUPÈDE Animal qui marche sur quatre membres.

REPTILES Groupe d'animaux essentiellement à sang froid, à peau écailleuse et qui se reproduisent en pondant des œufs, représenté de nos jours par les tortues, lézards, serpents et crocodiles. Apparu à la fin du Carbonifère, durant l'ère Paléozoïque, il a donné naissance aux dinosaures.

SANG CHAUD Se dit d'un animal dont la température interne est maintenue constante. Contrairement aux animaux à sang froid, la température de l'organisme ne varie pas avec la température extérieure.

SANG FROID Se dit d'un animal dont la température interne varie en fonction des changements de température de son milieu. À l'inverse, les animaux dits à sang chaud maintiennent une température interne élevée et constante.

SAURISCHIENS Dinosaures « à bassin de lézard ». C'est l'un des deux grands groupes de dinosaures (voir aussi *Ornithischiens*), dont la structure du bassin est similaire à celle du bassin des lézards, chez lesquels l'os pubien est dirigé vers l'avant. Tous les dinosaures carnivores étaient des saurischiens.

SAUROPODES Groupe de dinosaures saurischiens géants, quadrupèdes, pourvus d'une longue queue, d'un long cou et d'une petite tête. Avec leurs précurseurs les prosauropodes, ils forment le groupe des sauropodomorphes. Il ont vécu de la fin du Trias à la fin du Crétacé et comptaient dans leurs rangs les plus grands animaux terrestres de tous les temps.

SÉDIMENT Matériau tel que sable ou boue, transporté par le vent, l'eau ou la glace, qui se dépose au sol sous l'effet de son poids et y forme des couches qui s'accumulent et se transforment en roche en durcissant au cours du temps. La plupart des fossiles sont trouvés dans des roches sédimentaires.

SPINOSAURES Groupe de grands dinosaures théropodes pourvus d'un long crâne de crocodile et d'une « voile » à armature osseuse sur le dos, ayant vécu de la fin du Jurassique au début du Crétacé supérieur.

STÉGOSAURES Groupe de dinosaures ornithischiens, quadrupèdes et herbivores pourvus, sur le dos, de deux rangées de plaques osseuses et/ou de pointes, ayant vécu du milieu du Jurassique au début du Crétacé.

STRATE Couche du sous-sol formée par l'accumulation au cours du temps des roches sédimentaires, dans lesquelles les fossiles peuvent être préservés.

SUPERCONTINENT Amas de continents réunis en un continent géant sous l'effet des mouvements des plaques de la croûte terrestre.

TÉTRAPODES Groupe d'animaux vertébrés apparus à partir d'ancêtres poissons au milieu du Dévonien, pourvus de quatre membres, disposés en deux paires, l'une antérieure, l'autre postérieure. Les amphibiens, les reptiles, les mammifères et les oiseaux sont tous des tétrapodes.

THÉROPODES Groupe de dinosaures saurischiens bipèdes, majoritairement des prédateurs carnivores, apparus à la fin du Trias et ayant donné naissance aux oiseaux. Ils variaient en taille du minuscule *Microraptor* au colossal *Tyrannosaurus rex*.

TITANOSAURES Groupe de dinosaures sauropodes géants, ayant vécu de la fin du Jurassique à la fin du Crétacé.

TRIAS Première des trois périodes de l'ère Mésozoïque, ayant duré de – 252 à – 201 millions d'années.

TYRANNOSAURES Groupe de grands dinosaures théropodes au crâne massif, pourvus de longues pattes puissantes, d'une longue queue, et de bras minuscules. Ayant vécu à la fin du Crétacé, les tyrannosaures comptent parmi les mieux connus des dinosaures.

VERTÉBRÉ Animal pourvu d'une colonne vertébrale, constituée de vertèbres, et donc d'un squelette interne. Les vertébrés sont apparus au Cambrien et incluent tous les poissons, les amphibiens, les reptiles, les oiseaux et les mammifères.

Index

M

N

O

P

Q R

S

T

U V

WYZ

Remerciements

Dorling Kindersley souhaite remercier : Joe Fullman et Rob Colson pour l'assistance éditoriale ; David John pour la relecture des épreuves ; Helen Peters pour la préparation de l'index ; Vikas Chauhan et Jyotsna Khosla pour l'assistance à la création.

Les éditeurs adressent également leurs remerciements aux personnes et/ou organismes cités ci-dessous pour leur aimable autorisation à reproduire les photographies suivantes :

Légende :
a = au-dessus ; b = bas/en dessous ; c = centre ; w = extrême ; g = gauche ; d = droite ; h = haut

1-5 : The American Museum of Natural History ; Bedrock Studios ; Centaur Studios – modélistes ; Graham High de Centaur Studios – modéliste ; The Hunterian Museum (University of Glasgow) ; Institut de Géologie et de Paléontologie, Tubingen, Allemagne ; James Stevenson / Donks Models – modéliste ; Jeremy Hunt de Centaur Studios – modéliste ; Jon Hughes, John Holmes – modéliste ; Jonathan Hately – modéliste ; The Leicester Museum ; Natural History Museum, Londres ; Peter Minister, Illust. numérique ; Royal Tyrrell Museum of Palaeontology, Alberta, Canada ; Russell Gooday ; Sedgwick Museum of Geology, Cambridge ; Staatliches Museum fur Naturkunde Stuttgart ; Tim Ridley / Robert L. Braun – modéliste ; 4 Dorling Kindersley : Peter Minister, Illust. numérique (hd). **5 Corbis :** Mike Agliolo (hd/météorite). **Dorling Kindersley :** Peter Minister, Illust. numérique (hg). **Getty Images :** Willard Clay / Photographer's Choice (hg/arrière-plan). **Science Photo Library :** Mark Garlick (hd). **8 Dorling Kindersley :** Crystal Palace Park, Londres (c). **Dreamstime.com :** Li Fang (bd) ; Dmitriy Shironosov (bc). **8-9 Dreamstime.com :** Alexandre Miguel Da Silva Nunes (arrière-plan). **9 Dorling Kindersley :** Natural History Museum, Londres (cg). **Dreamstime.com :** Dmitriy Shironosov (bc). **10 Dorling Kindersley :** David Donkin – modéliste (cg, c, cgb). **Dreamstime.com :** Duron0123 (cd/DVD) ; Rafael Angel Irusta Machin (bg, hd, bd) ; Kurvina (cd, bd/fil électrique). **Getty Images :** Marcello Paternostro / AFP (hd/volcano). **10-11 Dreamstime.com :** Donsimon (h) ; Zts (c, bc/lecteur DVD argent) ; Duron0123 (bc) ; Shevchenkon (Arrière-plan). **11 Dreamstime.com :** Duron0123 (c) ; Rafael Angel Irusta Machin (hc, bc) ; Kurvina (c/fil électrique) ; Andrew Kazmierski (hd). **Getty Images :** Barcroft Media (hc/Ice). **Science Photo Library :** Mark Garlick (bc/Extinction). **12 Dorling Kindersley :** John Downes / John Holmes – modéliste / Natural History Museum, Londres (c) ; Jon Hughes (hd). **13 Dorling Kindersley :** Jon Hughes (bg) ; Peter Minister, Illust. numérique (cg). **14 Dreamstime.com :** Antonel (cg). **University Museum of Zoology, Cambridge :** Richard Hammond – modéliste (c). **14-15 Dreamstime.com :** Nilsz ; Readi24 (arrière-plan). **15 Dorling Kindersley :** Jon Hughes & Russell Gooday (c). **16 Dorling Kindersley :** Jon Hughes (hg, cg) ; Tim Ridley / Robert L. Braun – modéliste (hg/*Herrerasaurus*). **Dreamstime.com :** Rushour (hg/board). **16-17 Dreamstime.com :** Alex Evans (bc). **Science Photo Library :** Walter Myers (c). **17 Dorling Kindersley :** Jon Hughes (hg) ; Jon Hughes & Russell Gooday (d). **18 Dorling Kindersley :** Jon Hughes (bg) ; Peter Minister, Illust. numérique (hg, c). **Dreamstime.com :** Rushour (hg/board). **18-19 Science Photo Library :** Richard Bizley (Arrière-plan). **19 Dorling Kindersley :** Jon Hughes (bd) ; Peter Minister, Illust. numérique (cd). **20 Dorling Kindersley :** Jon Hughes (g, bc) ; Jonathan Hateley – modéliste (hg/dinosaure). **Dreamstime.com :** Rushour (hg). **21 Dorling Kindersley :** Jon Hughes (bc). **22 Dorling Kindersley :** Jon Hughes & Russell Gooday (b). **22-23 Dreamstime.com :** Ian Francis (arrière-plan) ; Jakub Krechowicz ; Natalia Siverina (c). **23 Dorling Kindersley :** Peter Minister, Illust. numérique (bc) ; Tim Ridley / Robert L Braun – modéliste (hc). **Dreamstime.com :** Waxart (hd). **24 Dorling Kindersley :** Peter Minister, Illust. numérique. **24-25 Dreamstime.com :** Ahmet Ihsan Ariturk (arrière-plan) ; Videowokart (b). **25 Corbis :** Louie Psihoyos (cd). **Dorling Kindersley :** Peter Minister, Illust. numérique (hd, cda). **26 Dorling Kindersley :** Jon Hughes & Russell Gooday (cdb) ; Peter Minister, Illust. numérique (bd, bc). **26-27 Getty Images :** National Geographic / Jeffrey L. Osborn (bc). **27 Dorling Kindersley :** Jon Hughes & Russell Gooday (g, bg) ; Jon Hughes (bd). **Dreamstime.com :** Szerdahelyi Adam (d). **Science Photo Library :** Christian Darkin (c). **28 Dorling Kindersley :** Robert L. Braun – modéliste (hg). **28-29 Dreamstime.com :** Lucidwaters (Arrière-plan). **29 Dorling Kindersley :** Peter Minister, Illust. numérique (c). **30-31 Dorling Kindersley :** Peter Minister, Illust. numérique (c). **Dreamstime.com :** Amabrao (arrière-plan). **31 Dorling Kindersley :** Sedgwick Museum of Geology, Cambridge (bc). **Dreamstime.com :** Johannesk (bd). **32-33 Dorling Kindersley :** Jon Hughes (c). **Dreamstime.com :** Brad Calkins ; (paper). **34 Corbis :** Francesc Muntada (bd). **Dorling Kindersley :** Natural History Museum, Londres (c, c/dents). **34-35 Dreamstime.com :** Sommersby (arrière-plan). **35 Derek Siveter :** (cg). **36 Dorling Kindersley :** Natural History Museum, Londres (c). **Getty Images :** Spencer Platt (bd). **36-37 Dorling Kindersley :** Natural History Museum, Londres (arrière-plan). **37 Dorling Kindersley :** Natural History Museum, Londres (hg, cd). **naturepl.com :** Jean E Roche (bg). **38 Dorling Kindersley :** Natural History Museum, Londres (bc). **38-39 Corbis :** Louie Psihoyos (c). **Dreamstime.com :** Summersea (c/Frame). **39 Corbis :** William James Warren / Science Faction (hd) ; Louie Psihoyos / Science Faction (bg, c). **40 Corbis :** Louie Psihoyos (bg). **41 Dorling Kindersley :** Jon Hughes (hd) ; Natural History Museum, Londres (b). **42-43 Dorling Kindersley :** Peter Minister, Illust. numérique. **44 Dorling Kindersley :** The American Museum of Natural History (hd). **Dreamstime.com :** Netfalls (bg). **45 Dorling Kindersley :** Natural History Museum, Londres (hd) ; Royal Tyrrell Museum of Palaeontology, Alberta, Canada (c). **46-47 Science Photo Library :** Peter Menzel (bc). **48 Dorling Kindersley :** Hunterian Museum (University of Glasgow) (bd). **Dreamstime.com :** Olivier Le Queinec (hg). **49 Alamy Images :** Phil Degginger (bd). **Dorling Kindersley :** The American Museum of Natural History (c). **Dreamstime.com :** Dimitri Zimmer (d). **Getty Images :** O Louis Mazzatenta / National Geographic (hg). **50 Dreamstime.com :** Olena Chyrko (hg). **51 Dorling Kindersley :** Jon Hughes (bg). **52 Dreamstime.com :** Trosamange (b). **52-53 Dorling Kindersley :** Peter Minister, Illust. numérique. **Dreamstime.com :** Rvc5pogod (b). **Getty Images :** Spencer Platt (hc) ; Siri Stafford / The Image Bank (arrière-plan). **53 Dreamstime.com :** Carlos Arranz (cdb) ; Joseph Gough (bg). **54 Dorling Kindersley :** Natural History Museum, Londres (cd). **54-55 Dreamstime.com :** Py2000 (arrière-plan). **55 Dorling Kindersley :** Royal Tyrrell Museum of Palaeontology, Alberta, Canada (cdb). **56-57 Corbis :** Viaframe (arrière-plan). **57 Dorling Kindersley :** Jon Hughes (cgb). **58 Dorling Kindersley :** Jon Hughes (bc) ; Peter Minister, Illust. numérique (bg). **Dreamstime.com :** Chaoss (hd, bg/papier, bd) ; Joseph Gough (hg). **58-59 Dorling Kindersley :** Peter Minister, Illust. numérique (c). **Dreamstime.com :** Pedro Antonio Salaverría Calahorra (arrière-plan). **59 Corbis :** Louie Psihoyos (hg/plume fossilisée). **Dorling Kindersley :** Natural History Museum, Londres (bd). **Dreamstime.com :** Chaoss (hg, bg, cd). **60 Dorling Kindersley :** Graham High de Centaur Studios – modéliste (cg) ; Robert L Braun – modéliste (bd). **Dreamstime.com :** Anna Jurkovska (bg, hd). **61 Corbis :** Louie Psihoyos (bc). **Dorling Kindersley :** John Holmes – modéliste (cd). **62 Dorling Kindersley :** Institute und Museum fur Geologie und Palaontologie der Universitat Tubingen, Allemagne (hd). **Dreamstime.com :** Irochka (bd). **Getty Images :** Foodcollection (cd). **62-63 Dreamstime.com :** Kritiya (Arrière-plan). **63 Dorling Kindersley :** Peter Minister, Illust. numérique (c, cg). **Dreamstime.com :** Irochka. **64 Dreamstime.com :** Joseph Gough (hc) ; Twickey (bg). **Getty Images :** Encyclopaedia Britannica / Universal Images Group (cg). **65 Dorling Kindersley :** Natural History Museum, Londres (bd) ; Peter Minister, Illust. numérique (bd/œuf, hg/face). **Dreamstime.com :** Joseph Gough (hg, hd) ; Twickey (cd, bc). **66 Alamy Images :** Alberto Paredes (cgb). **Dorling Kindersley :** Peter Minister, Illust. numérique (c). **Getty Images :** Tony Waltham / Robert Harding (cd). **Dr Howard Falcon-Lang :** (cg). **66-67 Dreamstime.com :** Alek Kringstad (arrière-plan) ; Glenn Nagel (b). **67 Dreamstime.com :** Sanjmur (cd). **68 University Museum of Zoology, Cambridge :** Richard Hammond – modéliste (cg). **68-69 Dorling Kindersley :** Jon Hughes (c). **69 Dorling Kindersley :** Jon Hughes / Bedrock Studios (cd). **70-71 Dreamstime.com :** Azimnik (hc) ; Duccio (arrière-plan). **71 Dorling Kindersley :** Natural History Museum, Londres (cda). **72 Dorling Kindersley :** Bedrock Studios (c). **72-73 Dreamstime.com :** Puma330. **73 Dorling Kindersley :** Peter Minister, Illust. numérique (c). **74 Alamy Images :** Pictorial Press (bd). **Dreamstime.com :** Ivan Gusev (bd/cerf-volant) ; Mfinch1 (cgb). **76 Corbis :** Louie Psihoyos (c, hc) ; Reuters (bd). **76-77 Dreamstime.com :** Baronoskie (arrière-plan). **77 Dorling Kindersley :** Natural History Museum, Londres (hd). **78 Dorling Kindersley :** Jon Hughes & Russell Gooday (cg, bd). **Dreamstime.com :** Pixbox77 (Arrière-plan). **79 Dorling Kindersley :** Peter Minister, Illust. numérique (bg). **Dreamstime.com :** Dmitry Pichugin (arrière-plan). **82-83 Dorling Kindersley :** Peter Minister, Illust. numérique. **Getty Images :** Willard Clay / Photographer's Choice (arrière-plan). **84 Dorling Kindersley :** Royal Tyrrell Museum of Palaeontology, Alberta, Canada (cd). **Dreamstime.com :** Robert Byron (bg/planche à pince). **Science Photo Library :** Roger Harris (bg). **84-85 Dreamstime.com :** James Steidl (Arrière-plan). **85 Dreamstime.com :** Vladimir Sazonov (bd). **86 Dreamstime.com :** Artushfoto (cg) ; Yarkoa (hd) ; Brian Hendricks (bc) ; Christian Mueringer (bd). **86-87 Dreamstime.com :** Sarayusu (Arrière-plan). **87 Dorling Kindersley :** Peter Minister, Illust. numérique (c). **Dreamstime.com :** (bd) ; Ferli Achirulli Kamaruddin (d) ; Christian Mueringer (bg). **88 Dorling Kindersley :** Royal Tyrrell Museum of Palaeontology, Alberta, Canada (bc). **Dreamstime.com :** Cebas1 (bc/board) ; Splosh (h). **88-89 Dorling Kindersley :** Peter Minister, Illust. numérique. **Dreamstime.com :** Hans Slegers (bc). **89 Dorling Kindersley :** The American Museum of Natural History (hd). **90 Dorling Kindersley :** Jon Hughes & Russell Gooday (d). **Dreamstime.com :** Pavel Losevsky (bg, hd). **90-91 Dorling Kindersley :** Jon Hughes (c). **91 Dreamstime.com :** Pavel Losevsky (hg, hd, bd). **92 Dreamstime.com :** Berci (hd). **92-93 Dreamstime.com :** Dzianis Kazlouski (arrière-plan) ; Summersea (b). **93 Dreamstime.com :** Berci (hg, hc). **94 Dorling Kindersley :** Jon Hughes (cdb) ; Peter Minister, Illust. numérique (cg). **94-95 Corbis :** Ashley Cooper (b). **Dreamstime.com :** Pabkov (t) ; Daniel Vincek (Arrière-plan). **95 Corbis :** Louie Psihoyos (cda). **Dorling Kindersley :** Robert L Braun – modéliste (c). **Dreamstime.com :** Alexander Raths (h). **Getty Images :** Dan Kitwood (b). **96 Dorling Kindersley :** Natural History Museum, Londres (bc, hc, hd). **96-97 Dorling Kindersley :** Peter Minister, Illust. numérique (arrière-plan). **Dreamstime.com :** Araraadt (arrière plan 1). **97 Dorling Kindersley :** Staatliches Museum fur Naturkunde Stuttgart (cg). **Dreamstime.com :** Bravajulia (h) ; Elnur (bd). **98 Dreamstime.com :** Radekdrewek (hd). **98-99 Dreamstime.com :** Songquan Deng (arrière-plan). **99 Dreamstime.com :** Davinci (hd) ; trekandshoot (hg) ; Olgaruza (c) ; Senensc (hc/people). **100 Dorling Kindersley :** Peter Minister, Illust. numérique (l). **Dreamstime.com :** Cebas1 (bc). **Fotolia :** Zharastudio (bd). **100-101 Corbis :** Nick Ledger / JAI (arrière-plan). **Dorling Kindersley :** Jon Hughes & Russell Gooday (c). **Fotolia :** swisshippo (hc). **101 Dorling Kindersley :** Jon Hughes (hd) ; Staatliches Museum fur Naturkunde Stuttgart (cdb). **Dreamstime.com :** Cebas1 (bg, bd) ; Dimdimich (hc). **102-103 Dorling Kindersley :** Peter Minister, Illust. numérique (c). **Getty Images :** Willard Clay / Photographer's Choice (arrière-plan). **103 Dorling Kindersley :** Naturmuseum Senckenburg, Frankfurt (h). **Dreamstime.com :** Feverpitched. **104 Dorling Kindersley :** The American Museum of Natural History (bg) ; Natural History Museum, Londres (hd). **Dreamstime.com :** Py2000 (bc). **104-105 Getty Images :** Sandro Di Carlo Darsa / PhotoAlto Agency RF Collections (arrière-plan). **105 Dorling Kindersley :** Royal Tyrrell Museum of Palaeontology, Alberta, Canada (cd). **106 Dorling Kindersley :** Natural History Museum, Londres (c) ; Royal Tyrrell Museum of Palaeontology, Alberta, Canada (cg) ; Queensland Museum, Brisbane, Australie (hd). **Dreamstime.com :** Emberiza ; Kamyshko (c/arrière-plan). **106-107 Dorling Kindersley :** Jon Hughes & Russell Gooday (b). **107 Dreamstime.com :** Gino Crescoli (cd) ; Liquidphoto (hg). **108 Corbis :** Louie Psihoyos (bd). **Dorling Kindersley :** Peter Minister, Illust. numérique (hd). **108-109 Dreamstime.com :** Gemenacom (arrière-plan). **109 Dorling Kindersley :** Jon Hughes (hg). **110 Corbis :** Randall Levensaler Photography / Aurora Photos (c/arrière-plan). **Dorling Kindersley :** Jon Hughes & Russell Gooday (hc) ; Peter Minister, Illust. numérique (hg, c). **Getty Images :** pagadesign / the Agency Collection (bg). **110-111 Dreamstime.com :** Cobalt88 (arrière-plan) ; Deviney (inside TV). **111 Corbis :** Jim Brandenburg / Minden Pictures (bd) ; Nick Rains (cd/arrière-plan). **Dorling Kindersley :** Jon Hughes & Russell Gooday (cg) ; Peter Minister, Illust. numérique (cd, hc) ; Jerry Young (hd). **112-113 Science Photo Library :** Mark Garlick. **113 Corbis :** Mike Agliolo (cg). **114 Dreamstime.com :** James Reid (cd). **Science Photo Library :** D Van Ravenswaay (cg). **114-115 Dreamstime.com :** Adrian Lindley (arrière-plan). **115 Dreamstime.com :** Nikhil Gangavane (cdb) ; James Reid (cd). **NASA :** Solar System Exploration (cg). **Science Photo Library :** Prof. Walter Alvarez (c). **116 Getty Images :** Jim Watt / Perspectives (bg). **116-117 fotoLibra :** Julia K. Rich (arrière-plan) ; Dave Stewart (b). **117 Dreamstime.com :** Lupoalb68 (cda). **118 Dorling Kindersley :** Jon Hughes (cb). **Dreamstime.com :** Vitaliy Skigar (hd). **118-119 Dreamstime.com :** Phillip Gray (c/arrière-plan). **119 Corbis :** National Geographic Society (hc). **Dorling Kindersley :** Jon Hughes / Bedrock Studios (cd) ; Jon Hughes (cb). **120-121 Dorling Kindersley :** Bedrock Studios (hc). **121 Dreamstime.com :** Krischam (cd). **Getty Images :** Stan Honda / AFP (b) ; Ken Lucas / Visuals Unlimited (cd/fossil). **122 Dreamstime.com :** Au_yeung225 (cb/crâne) ; Natalia Kuchumova (cb). **122-123 Dorling Kindersley :** Natural History Museum, Londres (hc, bc). **Dreamstime.com :** Natalia Kuchumova (h). **123 Corbis :** George Grall / National Geographic Society (ca). **Dreamstime.com :** Czalewski (c) ; Natalia Kuchumova (cg) ; Anna Yakimova (hc) ; Vadivazhagan Margandan (cgb) ; Winterling (cd)**124-128 : The American Museum of Natural History ; Bedrock Studios ; Centaur Studios – modelmakers ; Graham High de Centaur Studios – modéliste ; The Hunterian Museum (University of Glasgow) ; Institute of Geology and Palaeontology, Tubingen, Allemagne ; James Stevenson / Donks Models – modéliste ; Jeremy Hunt de Centaur Studios – modéliste ; Jon Hughes, John Holmes – modéliste ; Jonathan Hately – modéliste ; The Leicester Museum ; Natural History Museum, Londres ; Peter Minister, Illust. numérique ; Royal Tyrrell Museum of Palaeontology, Alberta, Canada ; Russell Gooday ; Sedgwick Museum of Geology, Cambridge ; Staatliches Museum fur Naturkunde Stuttgart ; Tim Ridley / Robert L Braun – modéliste.**

Couverture : 1er plat, dos et 4e plat *:* **The American Museum of Natural History ; Bedrock Studios ; Centaur Studios – modelmakers ; Graham High de Centaur Studios – modéliste ; The Hunterian Museum (University of Glasgow) ; Institute of Geology and Palaeontology, Tubingen, Allemagne ; James Stevenson / Donks Models – modéliste ; Jeremy Hunt de Centaur Studios – modéliste ; Jon Hughes, John Holmes – modéliste ; Jonathan Hately – modéliste ; The Leicester Museum ; Natural History Museum, Londres ; Peter Minister, Illust. numérique ; Royal Tyrrell Museum of Palaeontology, Alberta, Canada ; Russell Gooday ; Sedgwick Museum of Geology, Cambridge ; Staatliches Museum fur Naturkunde Stuttgart ; Tim Ridley / Robert L. Braun – modéliste. .**